週期表

觀念伽利略02

118種元素圖鑑！

人人出版

前言

俄羅斯化學家門得列夫（Dmitri Mendeleev，1834~1907）在撰寫化學教科書的過程中，一直在思考到底要如何講解這些元素。關於「要如何整理後續發現的新元素」，當時的化學家議論紛紛。他將已發現的元素按輕重次序排列，意外地發現似乎有某種規則可循。

因此門得列夫將元素一個一個寫下排列，並思索要怎麼排比較方便講解。時間來到1869年，門得列夫終於發表了可稱為決定版的元素一覽表。這就是世界上最早的元素「週期表」。

本書收錄週期表與全部118種元素，是寓教於樂的一本書。書中收錄許多有趣的話題，所以任何人皆可輕鬆閱讀。讀者應該會對週期表上的118種元素更覺得切身相關。請盡情享受本書的樂趣吧！

觀念伽利略02 118種元素圖鑑！

週期表

1. 何謂週期表？

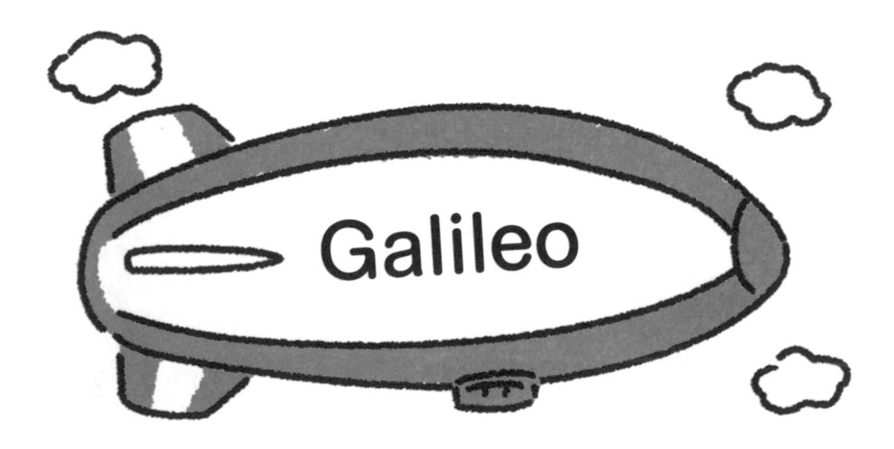

2. 解讀週期表

3. 全 118 種元素的詳盡介紹

第3週期

第4週期

第5週期

第6週期

第7週期

元素週期表

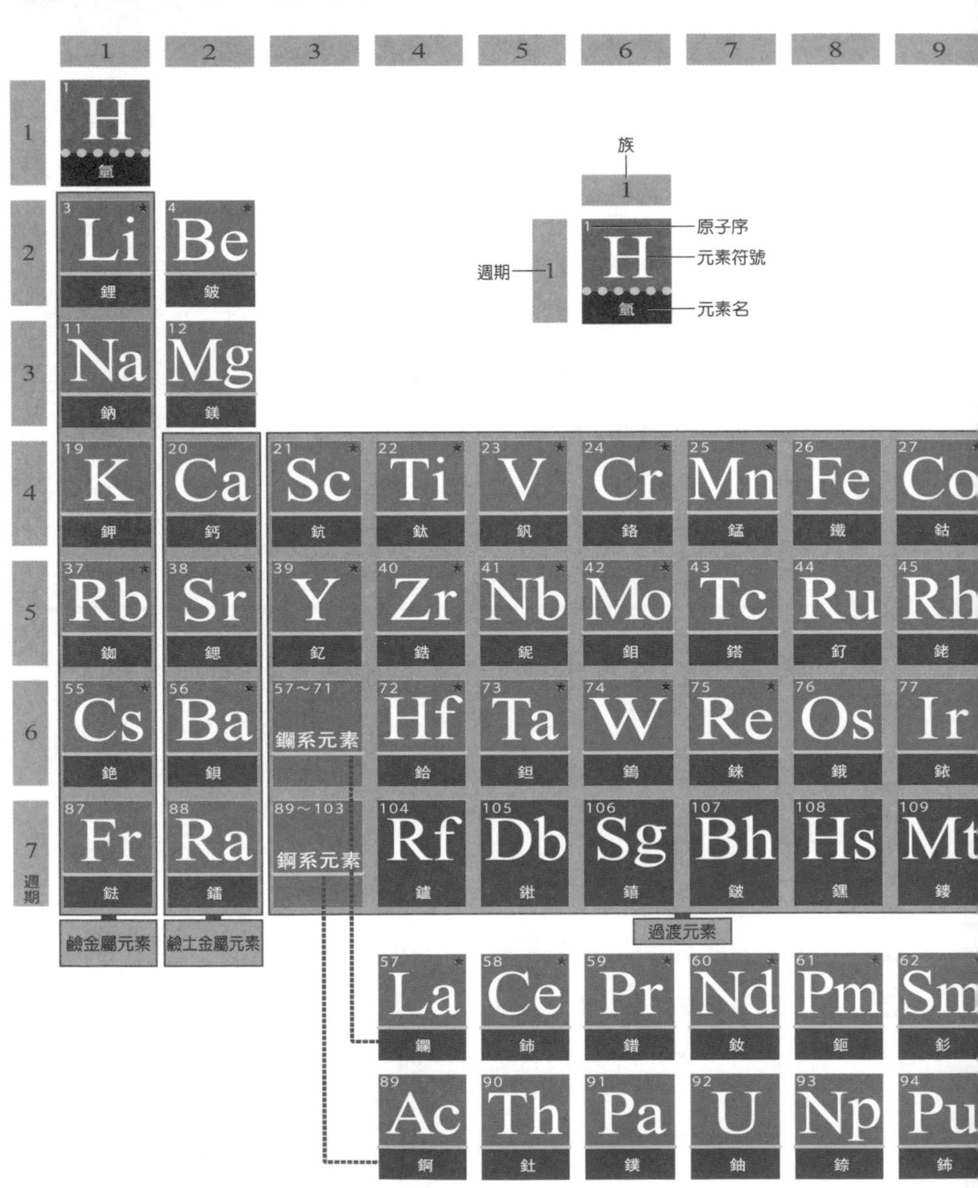

歸類於「金屬」的元素

歸類於「非金屬」的元素

★「稀有元素」

······ 單質為氣體的元素（25℃、1大氣

〰 單質為液體的元素（25℃、1大氣

—— 單質為固體的元素（25℃、1大氣

註：104號之後的元素特性不明。稀有元素也無明確定義。本書引用的資料出自日本物質與材料研究機構的網站（https://www.nims.go.jp/research/elements/rare-metal/study/index.html）。

10	11	12	13	14	15	16	17	18 族
							惰性氣體	2 He 氦
							鹵素	
			5 B 硼	6 C 碳	7 N 氮	8 O 氧	9 F 氟	10 Ne 氖
			13 Al 鋁	14 Si 矽	15 P 磷	16 S 硫	17 Cl 氯	18 Ar 氬
28 Ni 鎳	29 Cu 銅	30 Zn 鋅	31 Ga 鎵	32 Ge 鍺	33 As 砷	34 Se 硒	35 Br 溴	36 Kr 氪
46 Pd 鈀	47 Ag 銀	48 Cd 鎘	49 In 銦	50 Sn 錫	51 Sb 銻	52 Te 碲	53 I 碘	54 Xe 氙
78 Pt 鉑	79 Au 金	80 Hg 汞	81 Tl 鉈	82 Pb 鉛	83 Bi 鉍	84 Po 釙	85 At 砈	86 Rn 氡
110 Ds 鐽	111 Rg 錀	112 Cn 鎶	113 Nh 鉨	114 Fl 鈇	115 Mc 鏌	116 Lv 鉝	117 Ts 鿬	118 Og 鿫
63 Eu 銪	64 Gd 釓	65 Tb 鋱	66 Dy 鏑	67 Ho 鈥	68 Er 鉺	69 Tm 銩	70 Yb 鐿	71 Lu 鎦
95 Am 鋂	96 Cm 鋦	97 Bk 鉳	98 Cf 鉲	99 Es 鑀	100 Fm 鐨	101 Md 鍆	102 No 鍩	103 Lr 鐒

鹼金屬元素……氫以外的第1族元素。反應活性很強，易形成1價陽離子。
鹼土金屬元素……第2族元素（日本大多將鈹和鎂除外）。易形成2價陽離子。
過渡元素……3～11族的元素。這些橫向排列的元素（同週期的元素）特性相近。
鹵素……第17族的元素。奪走其他物質電子的能力強，易形成1價陰離子。
惰性氣體（稀有氣體）……第18族的元素。幾乎不會跟其他物質產生化合物。
稀土元素……包括鈧、釔以及鑭系的15個元素。

1. 何謂週期表？

截至2019年 6 月 1 日，元素週期表上刊登的元素有118種。第 1 章要帶讀者認識何謂週期表，並說明週期表是如何產生的。

萬物是由什麼構成的呢？其中一個答案是週期表

元素符號依編號排列

下表是元素的「週期表」(periodic table)。元素是指原子(atom)的種類(中文的元素名請見第8～9頁)。**排列在表中的英文字母是標示元素的「元素符號」。**元素符號由左至右，由上到下，依照號碼排列於表上。這些號碼稱為「原子序」(atomic number)。

元素週期表

週期表的橫列稱為「週期」，縱列稱為「族」。只要掌握閱讀週期表的訣竅，就能推測出元素的特性。

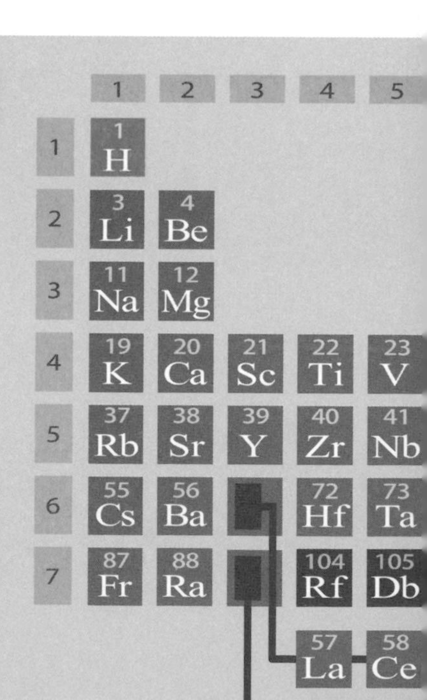

歸類為「金屬」的元素

歸類為「非金屬」的元素

註：104號以後的元素特性不明。

了解週期表就是了解自然界

「萬物是由什麼構成的呢？」打從西元前開始，人類就一直夢想找出這個問題的答案。**其中一個答案可說是元素週期表。**

自然界普通的物質都是由原子構成。在遙遠的宇宙中發光的恆星，及環繞於其周圍的行星，都是由原子構成。我們人類與其它生物的生命體，以及生活周遭的許多東西也都是由原子構成。包括位於地球上或不位於地球上的東西，生物或非生物，一般這些物質全都是由原子這項共同的原料所組成。**也就是說，了解週期表，就會跟著了解自然界。**在此，我們一起前往解讀週期表吧！

6	7	8	9	10	11	12	13	14	15	16	17	18
												2 He
							5 B	6 C	7 N	8 O	9 F	10 Ne
							13 Al	14 Si	15 P	16 S	17 Cl	18 Ar
24 Cr	25 Mn	26 Fe	27 Co	28 Ni	29 Cu	30 Zn	31 Ga	32 Ge	33 As	34 Se	35 Br	36 Kr
42 Mo	43 Tc	44 Ru	45 Rh	46 Pd	47 Ag	48 Cd	49 In	50 Sn	51 Sb	52 Te	53 I	54 Xe
74 W	75 Re	76 Os	77 Ir	78 Pt	79 Au	80 Hg	81 Tl	82 Pb	83 Bi	84 Po	85 At	86 Rn
106 Sg	107 Bh	108 Hs	109 Mt	110 Ds	111 Rg	112 Cn	113 Nh	114 Fl	115 Mc	116 Lv	117 Ts	118 Og
59 Pr	60 Nd	61 Pm	62 Sm	63 Eu	64 Gd	65 Tb	66 Dy	67 Ho	68 Er	69 Tm	70 Yb	71 Lu
91 Pa	92 U	93 Np	94 Pu	95 Am	96 Cm	97 Bk	98 Cf	99 Es	100 Fm	101 Md	102 No	103 Lr

2 週期表源自卡牌遊戲

曾經無人能歸類統整元素

1869年，俄羅斯聖彼得堡大學的化學教授門得列夫，在撰寫化學教科書的過程中，很煩惱到底要如何講解這些元素。當時，雖然已發現63種元素，但仍無人能系統性地整理。

據說有一天，門得列夫想到元素重量（原子量）與卡牌遊戲之間的關聯性。這遊戲的玩法是在紅心或黑桃各類牌組中，比賽數字大小。**他迅速拿出白色卡片寫上元素的名稱及原子量，並將性質相似的元素歸成一群（相當於週期表的族），原子量由小至大排列。**經過多方嘗試後，他終於發現性質相似的元素有週期性（相當於週期表的週期），便完成了元素週期表。

留下空格，預言未來將有新元素

門得列夫最為人稱道的地方在於留出空位給尚未發現的元素，並預言填入空格的元素之原子量及性質。後來，1875年發現鎵（Ga），1879年發現鈧（Sc），1886年發現鍺（Ge），與門得列夫的預言不謀而合。

門得列夫的週期表

門得列夫發表週期表當時，一部分的科學家不認同他留下的這些空格。但門得列夫的預言獲得證實，猜疑不攻自破。

	I	II	III	IV	V	VI	VII	VIII		
1	H =1									
2	Li =7	Be =9.4	B =11	C =12	N =14	O =16	F =19			
3	Na =23	Mg =24	Al =27.3	Si =28	P =31	S =32	Cl =35.5			
4	K =39	Ca =40	? =44	Ti =48	V =51	Cr =52	Mn =55	Fe =56	Co =59	Ni =59
5	Cu =63	Zn =65	? =68	? =72	As =75	Se =78	Br =80			
6	Rb =85	Sr =87	Yt =88	Zr =90	Nb =94	Mo =96	? =100	Ru =104	Rh =104	Pd =106
7	Ag =108	Cd =112	In =113	Sn =118	Sb =122	Te =125	J =127			
8	Cs =133	Ba =137	Di =138	Ce =140	?	—	?	—	—	—
9	—	—	—	—	—	—	—			
10	?	—	Er =178	La =180	Ta =182	W =184	—	Os =195	Ir =197	Pt =198
11	Au =199	Hg =200	Tl =204	Pb =207	Bi =208	—	—			
12	?	—	—	Th =231	—	U =240	—	—	—	—

註：門得列夫週期表的第III族中，第8週期的Di不存在於現在的週期表中。1885年，科學家發現Di其實是鐠（Pr）跟釹（Nd）的混合物。

嗨！我的預言都說中了嗎？
週期表的空格全都填滿了嗎？

門得列夫
（1834～1907）

3 週期表歷經150年的演變

曾有人認為週期表的排列有誤

現行的週期表不全是門得列夫當初發明的週期表。**隨著新元素的發現，也跟著多方面改良。**

1890年代，透過名為「光譜學」（spectroscopy）的新技術，陸續發現了氖（Ne）、氬（Ar）等新元素，這些元素的性質異於當時已知的元素，令科學家非常苦惱，甚至出現週期表不正確的聲浪。不過，後來發現在週期表新增一個新的族之後，這些元素就能被週期表「收納」進去了。

週期表是化學的「導覽圖」

門得列夫在繪製週期表當時，已發現的元素有63個，截至2019年6月1日已增加至118個※。**週期表在這150年間，即使形態稍有改變，但沒有大幅改寫，還多排入了近1倍的元素，演變成現在的模樣。**而且週期表至今仍是化學領域的「導覽圖」，顯示出最先進的元素研究，肩負著非常重要的任務。

※：2019年是門得列夫發明週期表150周年，聯合國定為「國際週期表年」。

由日本發現的113號元素

2016年11月30日，週期表上新增了113號元素，元素符號為「Nh」，元素名為「鉨」。鉨是使30號元素鋅（Zn）的原子核高速衝撞83號元素鉍（Bi）的原子核而合成的。

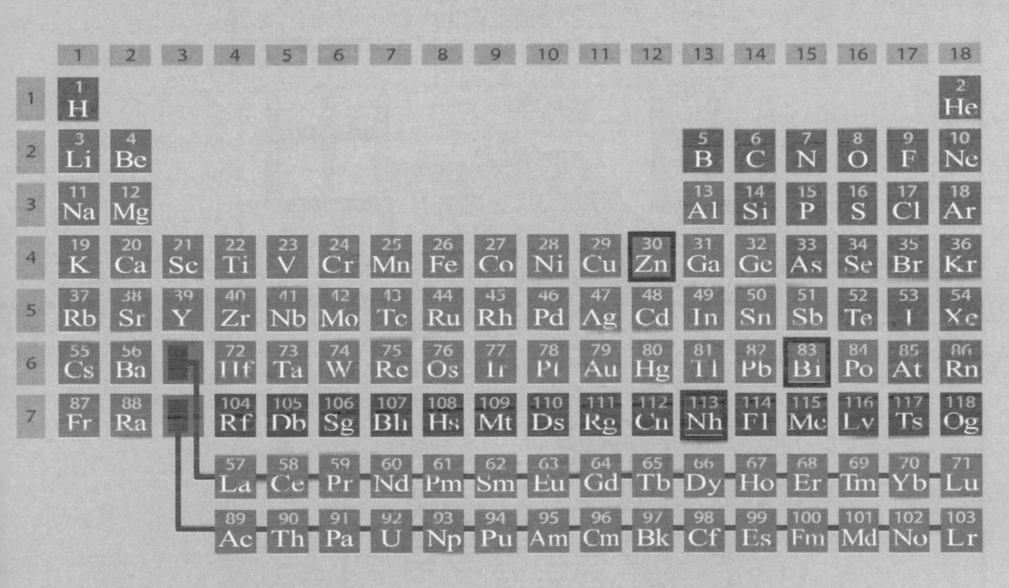

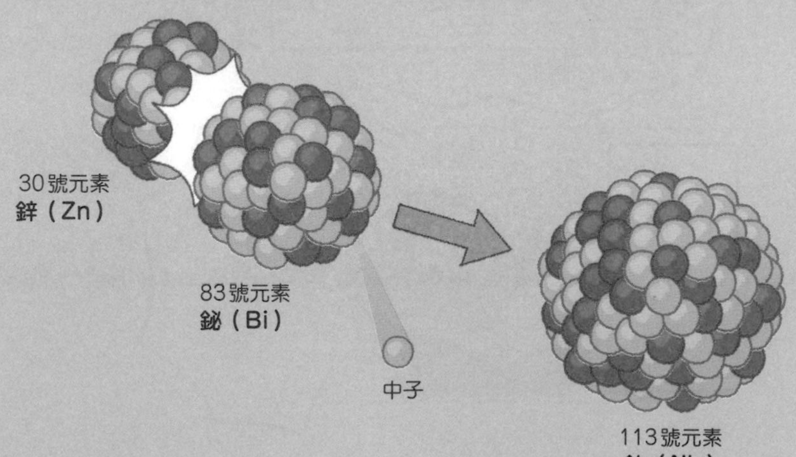

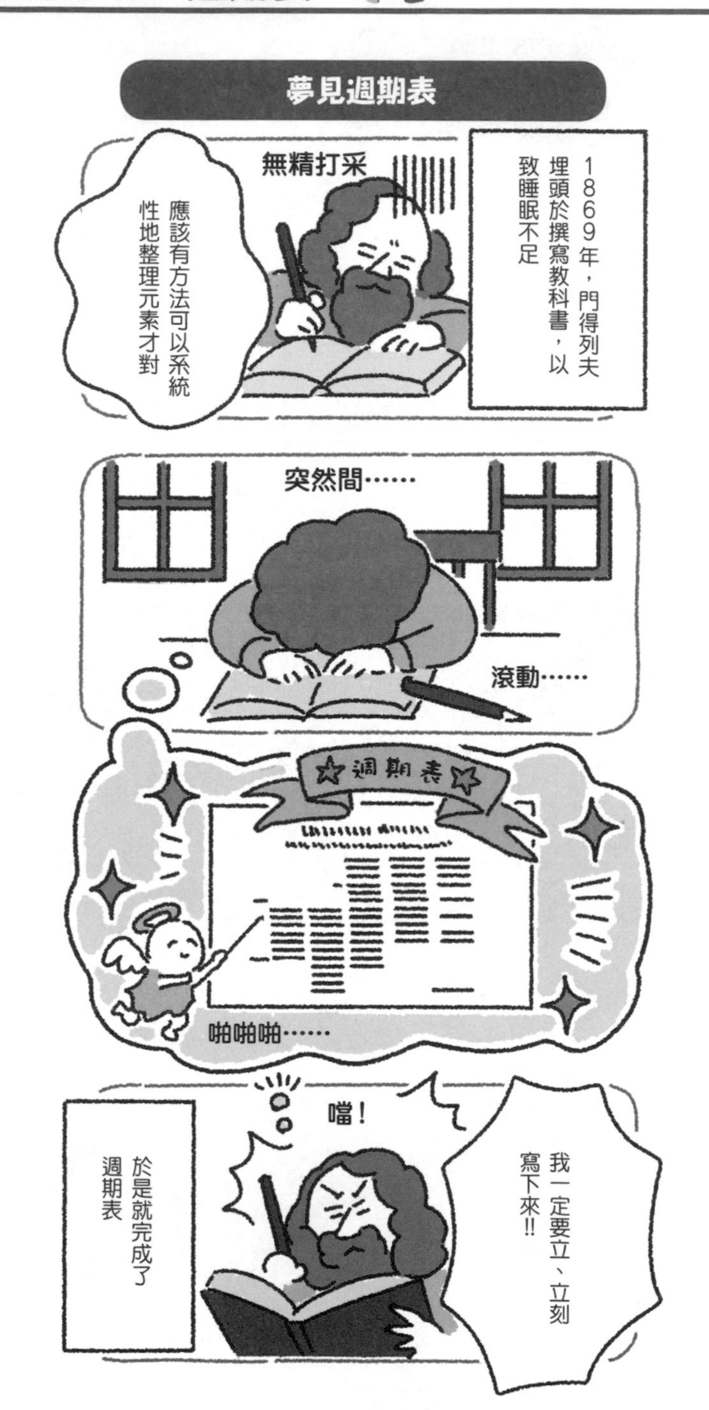

註：聽說門得列夫使用卡片不斷嘗試排列元素，後來夢見週期表的排列方式。

空格才是關鍵

2週後，門得列夫發表論文
空格是未來發現新元素要填入的位置
當時的科學家
亂寫一通！
這樣也敢說是科學!?
1875年，法國有位名為德布瓦博德蘭的化學家
我發現鎵了唷
1886年，德國化學家溫克勒
我發現鍺了
如此便證明了門得列夫是正確的

2. 解讀週期表

週期表上，哪個元素應該排在哪個位置都有很明確的理由。第 2 章要來教導讀者如何解讀週期表。

認識原子的結構

原子由原子核與電子構成

在解讀週期表之前，要先來認識原子。原子是直徑約10^{-10}公尺的極微小粒子，其中心有一個原子核（atomic nucleus）。**原子核由帶正電的質子（proton）與不帶電的中子（neutron）構成。而且原子核的周圍有帶負電的電子（electron）在運動。**不論哪種原子，結構都如上述般，由原子核與電子等基本結構組成。

原子的種類由質子數決定

那麼，原子的種類是由什麼來決定的呢？

其實原子的種類是由位於原子核內的質子數所決定的。例如，氫的原子核有 1 個質子，氦的原子核有 2 個質子，鋰的原子核有 3 個質子。且電子數會等於質子數，圍繞著原子核運動。**如上述，原子的種類取決於原子核內的質子數。**位於原子核內的質子數也代表「原子序」。

註：相同質子數的原子為同種原子。不過同種原子中有些原子的中子數會不一樣，這種原子稱為「同位素」（isotope）。雖然中子數不一樣，但原子的化學性質仍不變。

原子的結構

原子是由質子與中子組成的原子核以及圍繞原子核周圍運動的電子所構成。一般認為，原子核的直徑約10^{-14}公尺，電子的大小則在10^{-18}公尺以下。

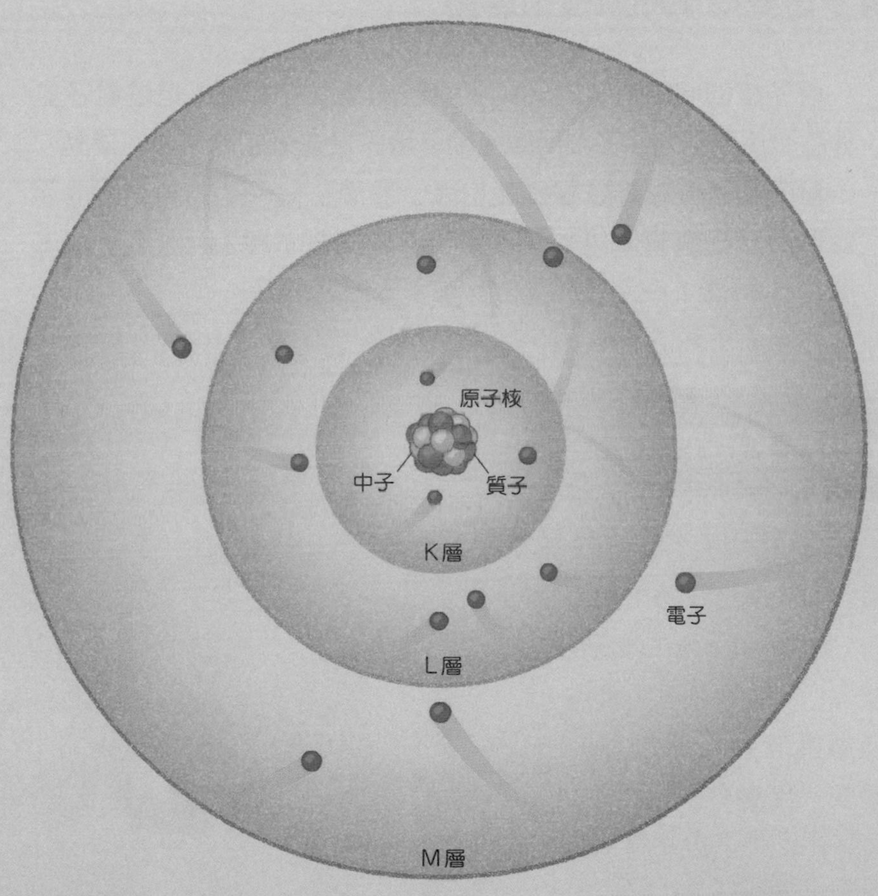

原子的種類是由位於原子核內的質子數所決定的呢。

電子的位置是既定的

電子會在既定的軌道上運動

原子核的周圍有等同於質子數目的電子在運動。但是電子並非隨心所欲地在原子核周圍運動。電子是在既定的軌道上運動。

電子的軌道由好幾層名為「電子殼層」（electron shell）的球面結構聚集而成。電子殼層由內向外依序為「K層」、「L層」、「M層」……，K層之後依字母順序命名。

氯的電子組態

右圖為氯（Cl）的電子組態。中央是電子核，其周圍有17個電子。電子殼層的K層與L層的電子已經填滿，而最外殼層的M層還有一個電子空位。

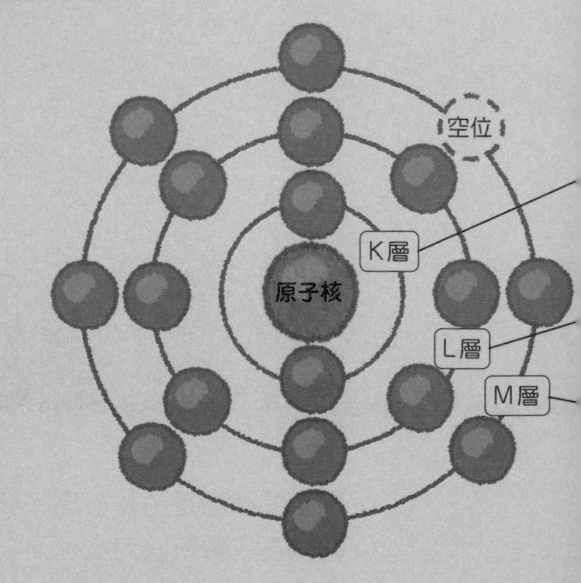

電子會從內側的電子殼層填入

每個電子殼層能填入的電子數（額滿數）是固定的，K層為2個，L層為8個，M層為18個。愈外側的電子殼層，可填入的電子數量會愈多。而電子基本上會先從內側的電子殼層開始填入。

電子數依元素而異。意即，電子會填到哪一層電子殼層會因元素而異。**有電子填入的最外側電子殼層稱為「最外殼層」。當最外殼層的電子額滿時，是原子最穩定的狀態。**

氯(Cl)的電子

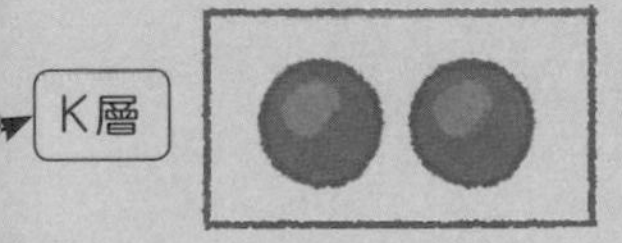

K層有2個位子，電子已全部填滿

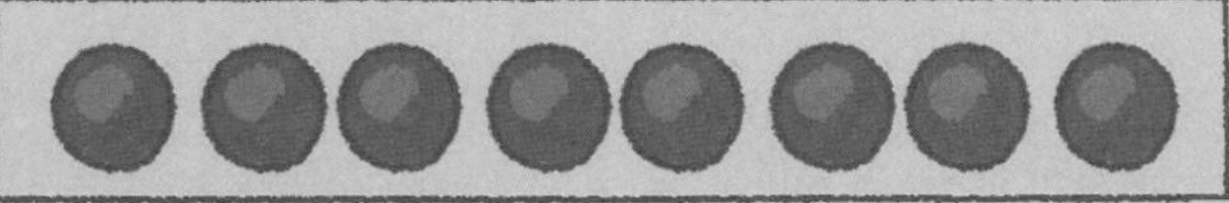

L層有8個位子，電子已全部填滿

M層

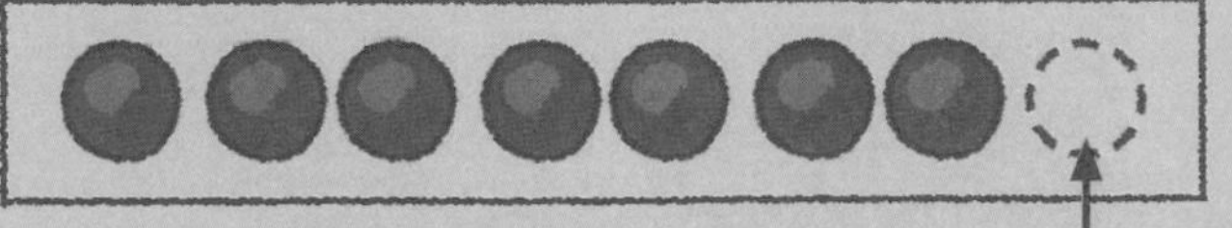

M層有8個位子，其中7個位子已填滿。

還有1個空位

註：可容納8個電子的M層電子軌道外側，還有可容納10個電子的軌道。因此M層最多可以容納18個電子。

週期表的元素排列方式取決於電子

同週期元素的最外殼層為同一層

在這裡，我們留意最外殼層，並觀察週期表的橫列元素（下方的週期表）。第 1 週期的元素最外殼層是K層，第 2 週期元素最外殼層是 L 層，第 3 週期元素的最外殼層是 M 層。**如上述，有相同最外殼層的元素會排列在週期表的同一週期（橫列）。**

週期表與最外殼層的關係

週期表的一部分繪有各元素的電子組態。週期表上，最外殼層相同的會排在同一週期。另一方面，最外殼層電子數相同的元素會排在同一族。

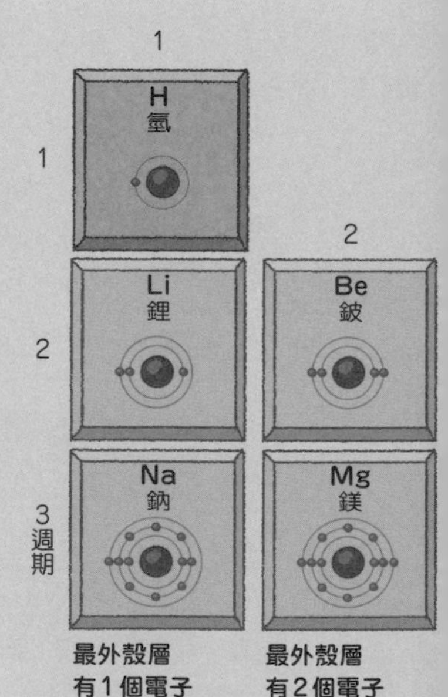

最外殼層電子數相同的元素，化學性質會相近呢。

同族元素的最外殼層電子數相同

接著，我們留意最外殼層，並觀察週期表的縱列元素（下方的週期表）。第 1 族元素最外殼層的電子數為 1 個，第 2 族元素最外殼層的電子數為 2 個，然後第13族元素最外殼層的電子數為 3 個。**如上述，最外殼層電子數相同的元素會排列在週期表的同一族（縱列）。**

週期表上，同族元素的化學性質會很類似。**其實這是因為最外殼層的電子數相同之故。意即，元素的化學性質會深受最外殼層電子的影響！**1～17族元素的最外殼層電子會跟化學反應有關，因此特別稱為「價電子」（valence electron）。

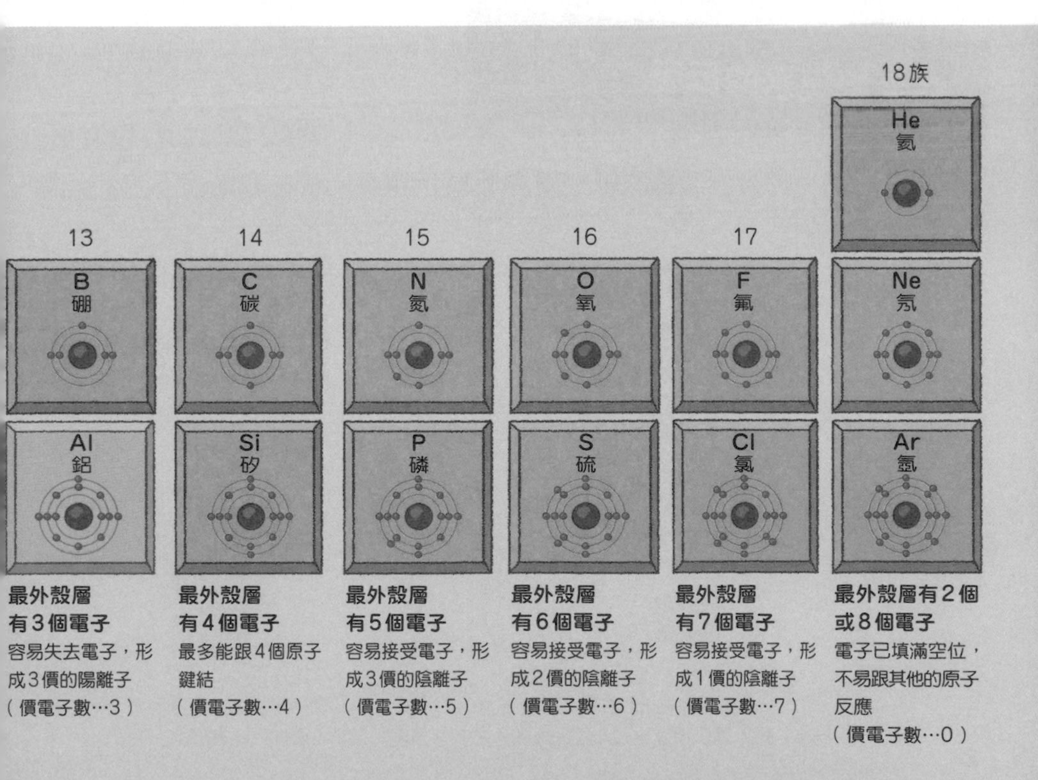

4 遇水也會反應的第 1 族：「鹼金屬」

雖然是金屬，但可被刀子切斷

本篇起要逐列說明週期表各族（縱列）的元素性質。首先從位於週期表最左邊的第 1 族元素開始。除了氫以外的第 1 族元素，都稱為「鹼金屬」（alkali metal）。**雖然是金屬，但特徵是又軟又輕。**像鋰（Li）跟鈉（Na）都可用刀子切下去。

鹼金屬與水的反應

將鋰、鈉、鉀置於濡濕的紙上時的反應示意圖。位在週期表下方的元素，反應會愈劇烈。

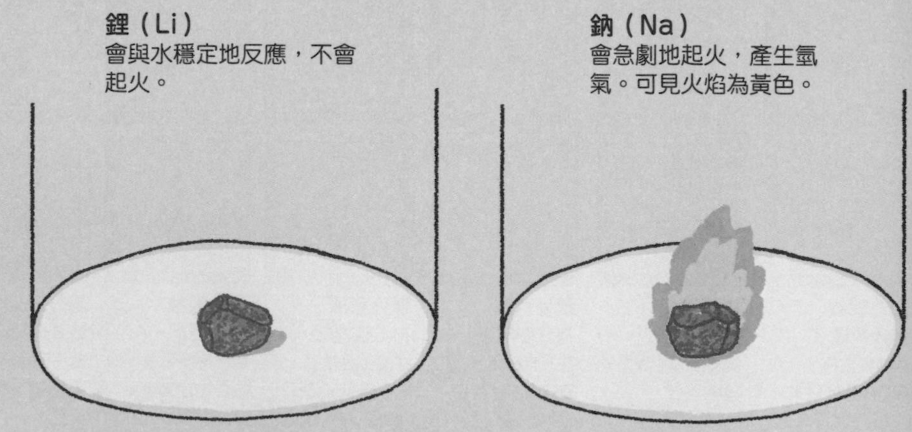

註：銣（Rb）銫（Cs）會產生爆炸性的反應，由於太危險，通常不會進行此實驗。

常常容易失去電子

鹼金屬最大的特點就是有極高的活性。譬如只要在被水濡濕的紙上放置鈉或鉀（K）時，就會燃起熊熊火焰。產生這種劇烈反應的原因是因為鹼金屬的最外殼層只有 1 個電子的緣故。

鹼金屬只要將最外殼層的 1 個電子傳遞給其他原子後，已填滿電子的內側電子殼層就會變成最外殼層，形成穩定的狀態。**因此鹼金屬總會想把最外殼層的 1 個電子傳給其他原子。**化學反應是因電子交流而產生的。容易將電子傳給其他原子就意味著很容易產生反應。因此鹼金屬是會引發劇烈反應的一族。

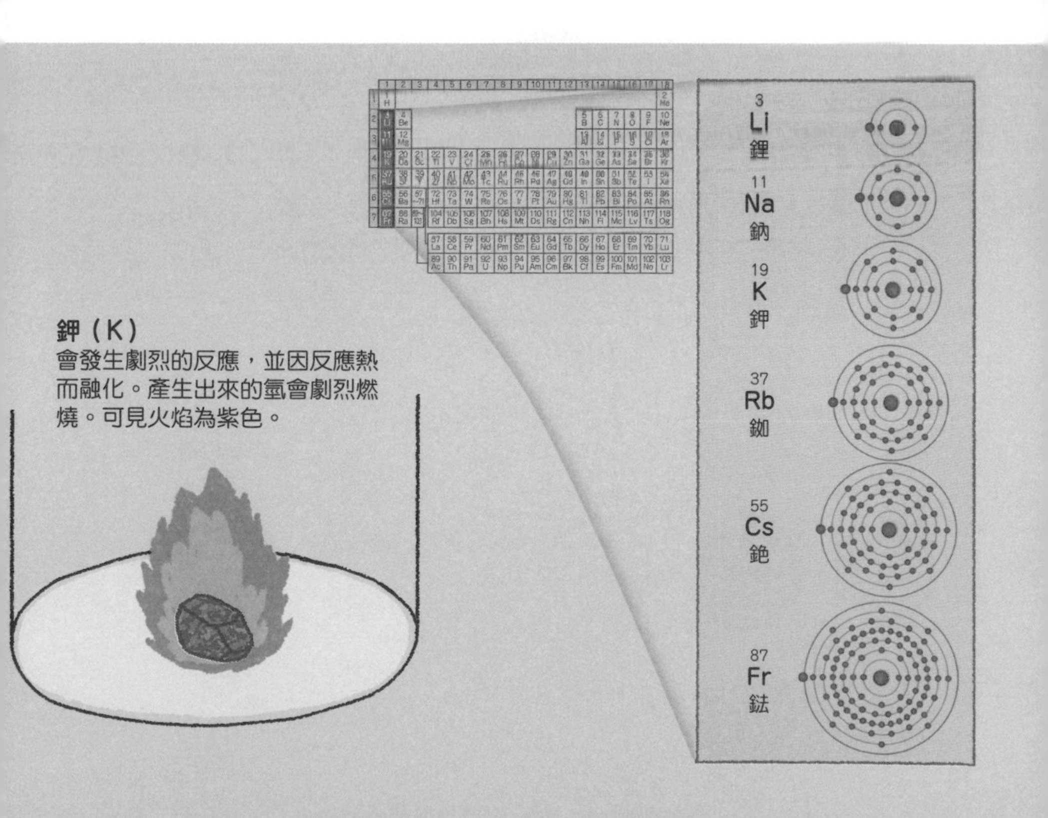

創造多樣化的物質 第14族的「碳」與「矽」

碳是生命物質不可或缺的主成分

接著要談的是第14族的元素，這族的最外殼層電子有4個，電子的空位也4個，所以最多可以跟4個原子鍵結。**而且，它們可透過直線、平面或立體的結合方式，形成各式各樣的物質，或是多種不同的晶體構造。**這就是第14族元素的最大特點。

碳形成物質的案例

據說碳形成的物質數量達7000萬種以上。創造人體的蛋白質也是由含碳成分的胺基酸所構成的。

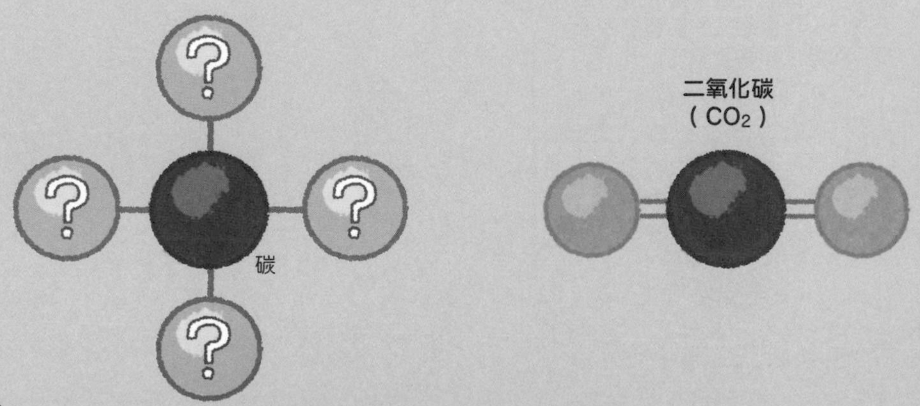

以碳（C）為例，跟氧（O）會結合成二氧化碳（CO_2），跟氫（H）會結合成甲烷（CH_4），跟氮（N）、氧會結合成胺基酸。而且胺基酸也經常會直線串連成蛋白質。**對於我們生命來說，有太多不可欠缺的物質主成份是由碳構成的。**

矽應用在工業方面

矽（Si）最多可跟 4 個原子鍵結。自古矽就用於玻璃跟水泥的原料，自20世紀後半葉起，則應用於半導體（semiconductor）跟太陽能電池（solar cell）。**第14族的元素也應用於工業方面，供我們日常所需。**

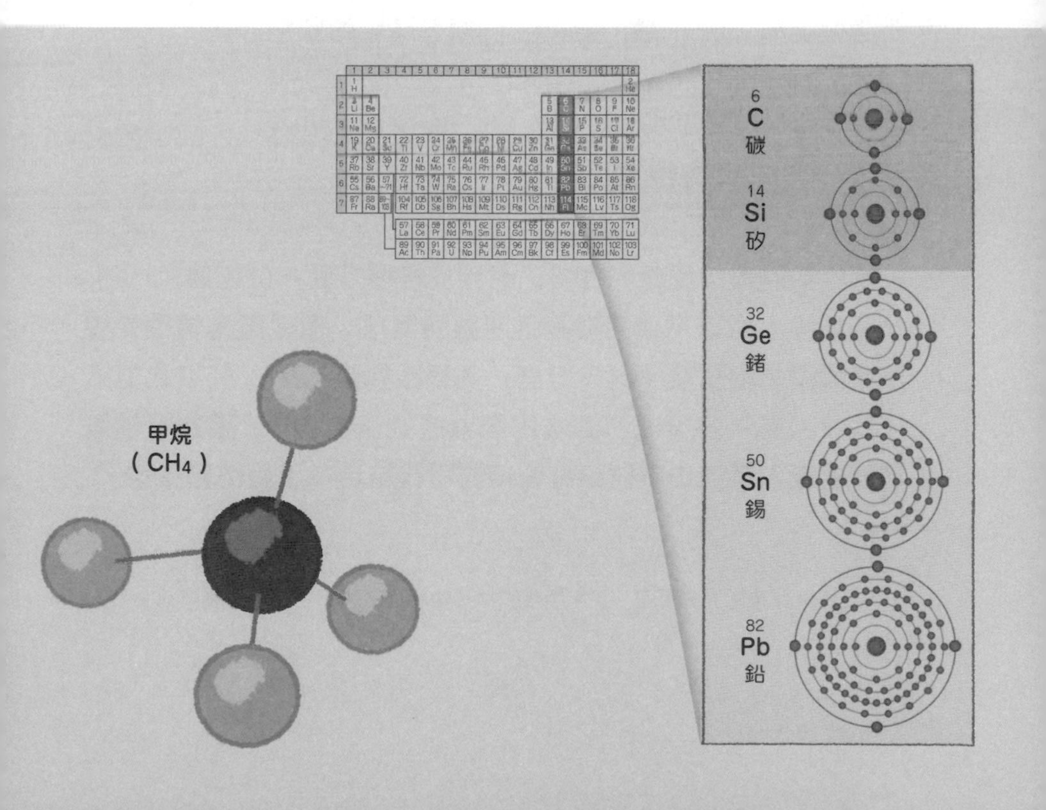

第18族的「惰性氣體」幾乎不產生化學反應

最外殼層的電子已額滿

位於週期表最右側的第18族元素稱為「惰性氣體」（noble gas）或「稀有氣體」（rare gas）。**惰性氣體最大的特點就是難以跟其他元素反應。**惰性氣體最外殼層的電子已額滿。**因此，沒有必要將多的電子傳遞給其他原子，或是接受來自其他原子的電子，已是穩定的狀態。**

惰性氣體1個原子就很穩定，常以1個原子的狀態存在。它不必像氫氣（H_2）般，要以2個原子鍵結的狀態存在。

靠近火源也不會燃燒

惰性氣體難以反應的性質已應用於各種方面。例如氦（He）比空氣輕，所以常使用於飛行船跟熱氣球，**這是因為惰性氣體不會燃燒，很安全。**另一方面，氦氣跟氬氣（Ar）會取代氮氣（N_2），混入裝於深海潛水用氧氣瓶的空氣中※。**因為惰性氣體即使進入體內也不會跟身體裡的物質結合，不會傷害身體。**

※：人體承受深海的高壓時，平常無害的氮氣會溶進血液，引發「潛水夫病」。

惰性氣體的應用實例

惰性氣體的特點是很難跟其他的元素反應。
它不會燃燒，吸入體內也不會造成傷害。

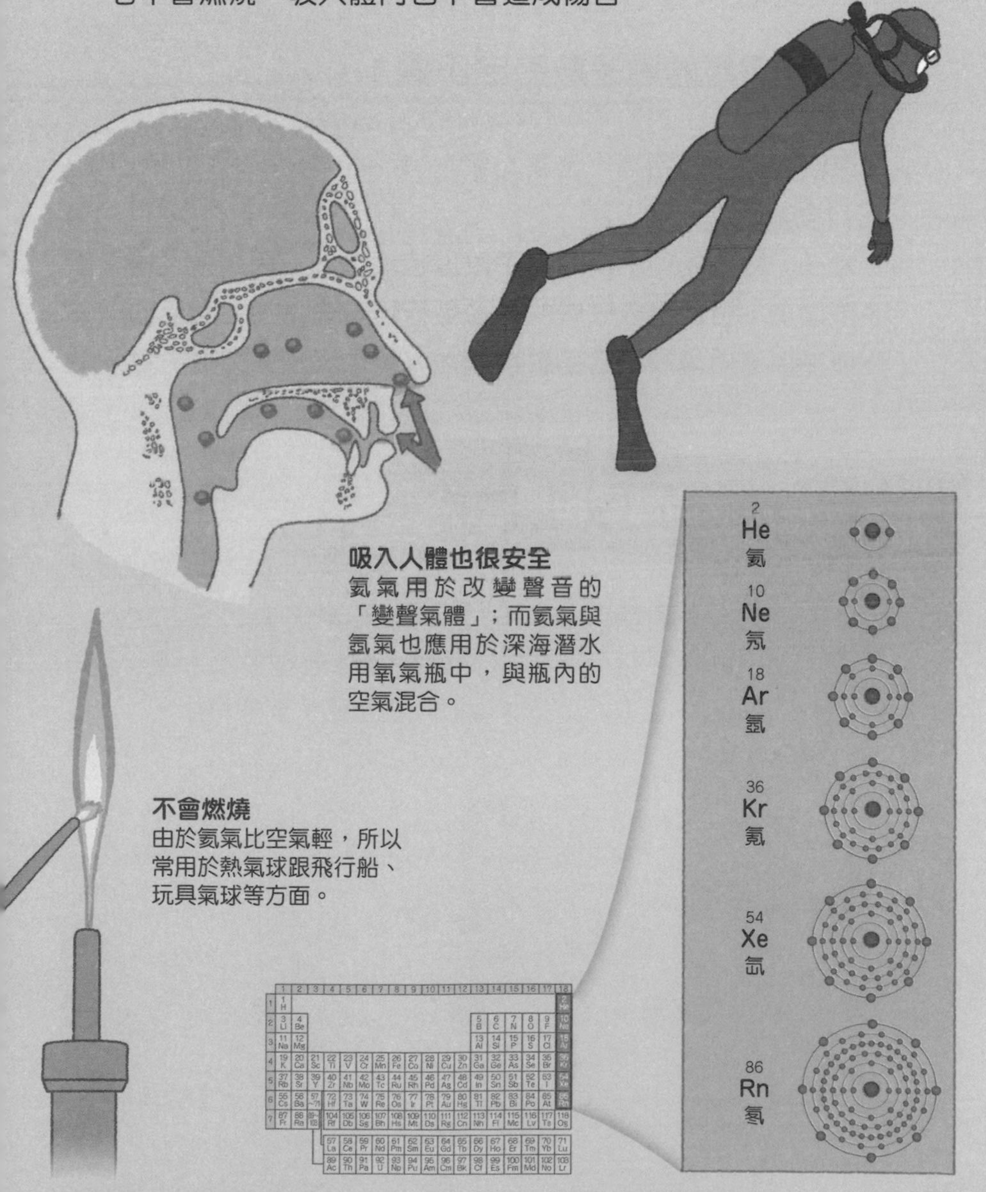

吸入人體也很安全
氦氣用於改變聲音的「變聲氣體」；而氦氣與氬氣也應用於深海潛水用氧氣瓶中，與瓶內的空氣混合。

不會燃燒
由於氦氣比空氣輕，所以常用於熱氣球跟飛行船、玩具氣球等方面。

困擾門得列夫的 3～11 族之「過渡元素」

位於最外殼層的電子數固定不變！

最後要談的是名為「過渡元素」（transition element）的 3～11族元素。

電子一般會先從內側的電子殼層陸續填入。因此只要隨著原子序增加，位於最外殼層的電子數照理也會增加。**然而過渡元素即使原子序增加，電子數也增加，但位於最外殼層的電子數**

過渡元素與鋅的電子組態

下圖是第 4 週期的3～11族過渡元素與第12族鋅（Zn）的電子組態。過渡元素在最外殼層 N 層的電子數都為 1～2 個，位於內側 M 層的電子數則有所不同。

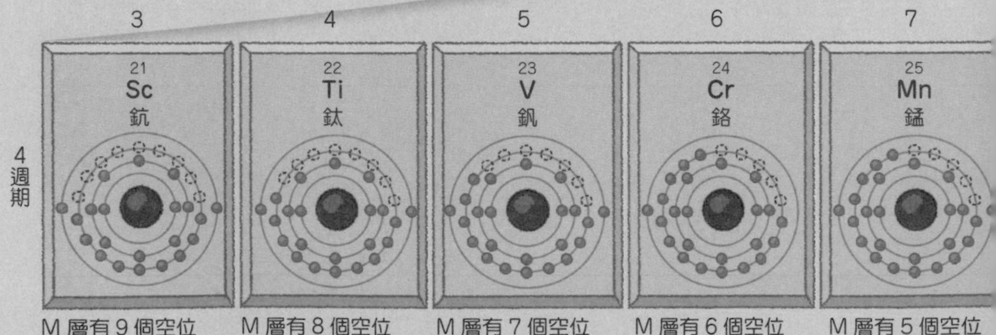

卻不變。這是為什麼呢？

其實過渡元素的電子在內側電子殼層填滿之前，通常會先填入最外殼層。由於最外殼層的電子數不會改變，所以不論哪個過渡元素都具有類似的化學性質。

門得列夫將過渡元素另整理於欄位外

門得列夫當初在思考週期表時，還不知道電子的存在。因此據說他當時對於過渡元素的存在非常苦惱。**門得列夫將原子序增加，但化學性質卻不會改變的過渡元素另外彙整排列於欄位外的一張表格。**而現在，已經把化學性質類似的過渡元素依原子序排列於週期表的中央。

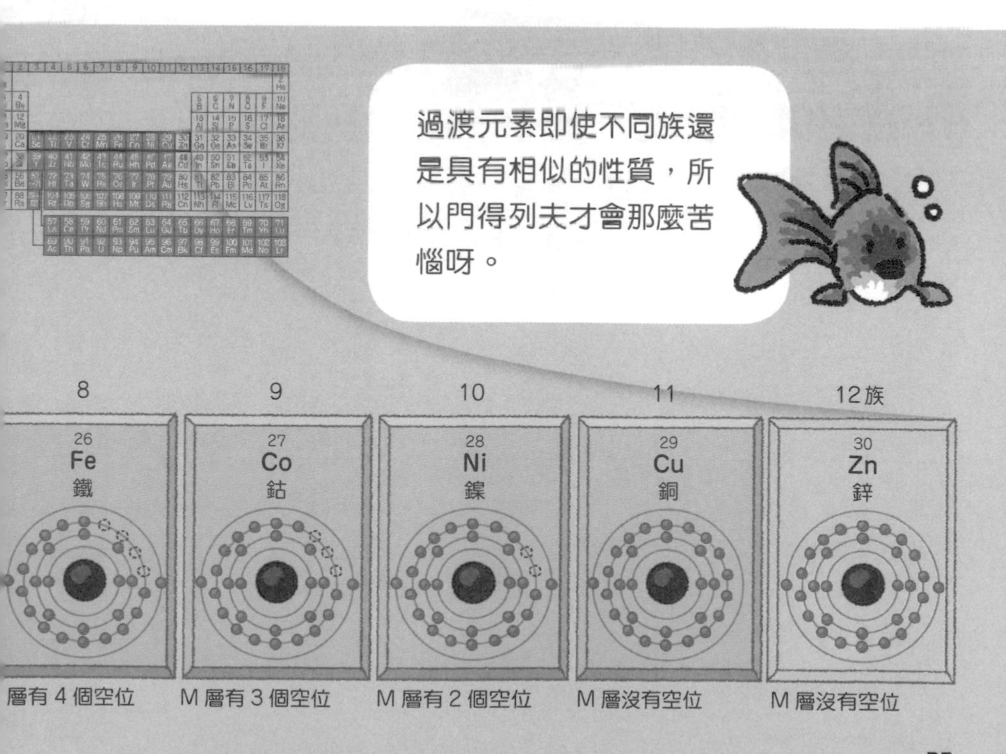

不像金屬那樣會導電的「半導體」

何謂典型金屬的性質？

國中跟高中使用的週期表（如第12～13頁）中，每個元素擁有的性質都會跟典型的金屬性質比較，並將元素分類成金屬跟非金屬。**典型金屬所具備的性質是指「有特殊光澤，易傳導電跟熱，具有延展性」。**然而，只要以「導電度」為標準將元素分成金屬跟非金屬，其界限就會不一樣了。

標示半導體的週期表

使用導電性為標準，以顏色區分成「金屬」（導體）、「非金屬」（絕緣體）、「非金屬」（半導體）的週期表。非金屬（半導體）不會像金屬般導電，但愈高溫導電效果愈好。

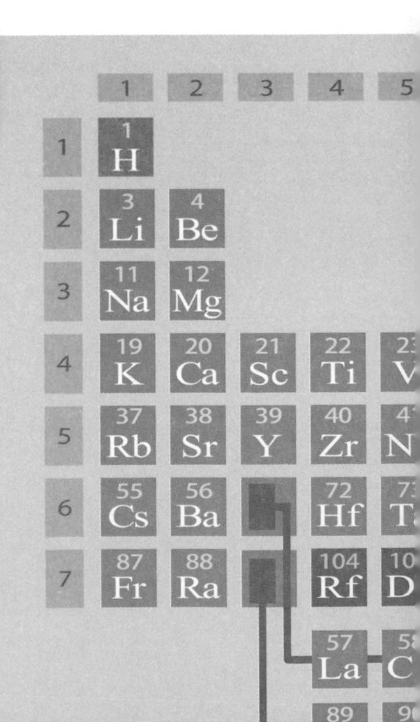

導電性屬於「金屬（導體）」的元素

導電性屬於「非金屬（絕緣體）」的元素

導電性屬於「非金屬（半導體）」

註：104號之後的元素特性不明。使用導電性為標準並以顏色區分的週期表引用自日本宇宙研究開發機構（JAXA）的網站（http://www.jaxa.jp/press/2015/04/20150420_boron_j.html）

鍺為「半導體」

例如原子序32號的鍺（Ge），在學校使用的週期表上屬於金屬。但是鍺並不像金屬那樣會導電。而且，金屬在愈低溫的條件下導電度愈好，反之鍺要愈高溫，才會有更好的導電度。

類似鍺這種性質的元素或物質稱為「半導體」。只要以導電度當標準，屬於半導體的鍺就會分類至非金屬。如上述般，金屬跟非金屬的界限會因分類標準不同而異。

6	7	8	9	10	11	12	13	14	15	16	17	18
												2 He
							5 B	6 C	7 N	8 O	9 F	10 Ne
							13 Al	14 Si	15 P	16 S	17 Cl	18 Ar
24 Cr	25 Mn	26 Fe	27 Co	28 Ni	29 Cu	30 Zn	31 Ga	32 Ge	33 As	34 Se	35 Br	36 Kr
42 Mo	43 Tc	44 Ru	45 Rh	46 Pd	47 Ag	48 Cd	49 In	50 Sn	51 Sb	52 Te	53 I	54 Xe
74 W	75 Re	76 Os	77 Ir	78 Pt	79 Au	80 Hg	81 Tl	82 Pb	83 Bi	84 Po	85 At	86 Rn
106 Sg	107 Bh	108 Hs	109 Mt	110 Ds	111 Rg	112 Cn	113 Nh	114 Fl	115 Mc	116 Lv	117 Ts	118 Og
59 Pr	60 Nd	61 Pm	62 Sm	63 Eu	64 Gd	65 Tb	66 Dy	67 Ho	68 Er	69 Tm	70 Yb	71 Lu
91 Pa	92 U	93 Np	94 Pu	95 Am	96 Cm	97 Bk	98 Cf	99 Es	100 Fm	101 Md	102 No	103 Lr

如何背誦週期表

相較於日文或英文的元素常是多個文字或長串字母，中文的元素名稱是單一個字，背誦起來相對簡單。這裡提供了一些背誦的指引協助讀者記憶。

首先建議背誦原子序1～20的元素。即本章第3單元所述的週期表前三週期，第一週期：氫、氦；第二週期：鋰、鈹、硼、碳、氮、氧、氟、氖；第三週期：鈉、鎂、鋁、矽、磷、硫、氯、氬，再加上第四週期的前兩個元素：鉀和鈣。這20個是最常見、含量最豐富的元素，需要優先記住。

其次，請背誦1、2、13、14、15、16、17、18各族元素。例如第1族的鹼金屬（本章第4單元）：鋰、鈉、鉀、銣、銫、鍅；或第14族（本章第5單元）：碳、矽、鍺、錫、鉛等各族的元素名稱。第1、2、18族各6個，13至17族各5個（人工合成元素可先不用），連氫在內共有44個。扣掉前面背誦過的，只要多背誦24個。

最後，建議背誦第四週期中間的10個元素（本章第7單元）：鈧、鈦、釩、鉻、錳、鐵、鈷、鎳、銅、鋅。這樣，週期表前四週期元素都記住了，常識應用足夠了。週期表後半的元素會出現在其他專業領域或學術研究，需要的時候再拿出本書查詢即可。

3. 全118種元素的詳盡介紹

第3章要一個一個地說明週期表上列出的所有118種元素。內容除了介紹元素的基本資料，還有名稱由來及發現元素的小故事等，全都是非常有趣的資料。

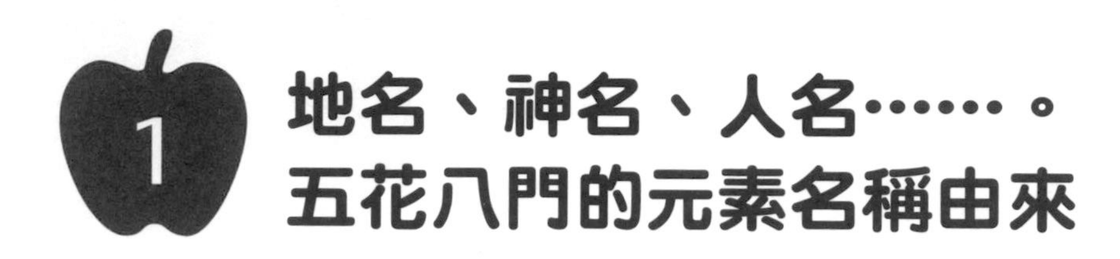

1 地名、神名、人名……。五花八門的元素名稱由來

元素命名沒有特別的限制

現在元素的名稱是經由IUPAC（國際純化學暨應用化學聯合會）討論後決議。**在命名時，沒有特別的限制，**地名或天體名、神名、人名等都可用來命名。

一個村莊的名稱變成四個元素的名字

名字特別有個性的元素，譬如有釔（Y）、鋱（Tb）、鐿（Yb）、鉺（Er）這四個。**這些元素的名字全都來自瑞典一個名為「伊特比」（Ytterby）的村莊名。**

伊特比位於瑞典首都斯德哥爾摩的近郊，是一個小村莊。1794年在村裡發現由新礦物形成的氧化物「氧化釔」，1843年透過氧化釔發現釔。然而過了不久，**科學家從曾以為是單一元素的釔中發現鋱與鉺二種新元素，後來又從鉺中發現新元素鐿。**這就是四種元素名稱全都來自同一村莊名字的原因。

有特殊名字的元素，除了上例之外還有很多。從第44頁起會詳盡地介紹118種元素。

第3章元素資料的說明

第44頁之後要介紹的118種元素，
將如下述方式列出各項目。

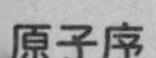

原子序

元素符號　中文名稱　英文名稱

氧

Oxygen

474000ppm

週期表上的位置
（該元素以紅色表示，
同族的元素為粉紅色）

基本資料

【質子數】…位於原子核內的質子數。質子數也等於原子序。

【價電子數】…位於最外側電子殼層的電子數。

【原子量】…將碳的同位素 ^{12}C 之原子量定義為 12 時的相對值※1

【熔　點】…單位為「℃」。

【沸　點】…單位為「℃」。

【密　度】…單位為「 g/cm^3 」。

【豐　度】

〔地球〕…在地殼中的占比。

〔宇宙〕…在宇宙中的占比※2。

【存在場所】…含有此元素的代表性物質或礦物，主要產地。

【價　格】…參考4種價格出處來代表一般市場流通的價格※3。

【發現者】…此元素發現者的名字（國家）。

【發現年分】…發現此元素的年分。

元素名稱的由來

此元素名來自哪種語言。有多種說法時，會採用最具代表性的說法。

發現時的小故事

發現此元素時相關的小故事。

地殼中的含量占比
（1萬ppm為1%。
圓形圖非以正確比例繪製）

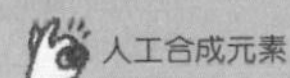
人工合成元素

金屬與非金屬的分類

金屬（固體）　金屬（液體）

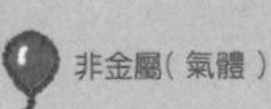

非金屬（固體）　非金屬（液體）　非金屬（氣體）

※1：對於沒有穩定同位素，無法定出原子量的放射性元素，會將已認可過的同位素質量置於（　）內。

※2：以矽1×10^{6}時的原子數

※3：〈價格的引用出處〉
♣…『物價資料』（2018年7月號）
◆…日本獨立行政法人 石油天然氣與金屬礦物資源機構『礦物資源material flow』（2017）
■…Nirako（股）純金屬價格表
★…日本和光純藥工業
此採用 1 美元＝110日圓

註：資料不齊全的部分會用「—」表示。

註：價格以外的數值資料主要引用自『改訂 5 版 化學速成基礎篇』。

氫
Hydrogen

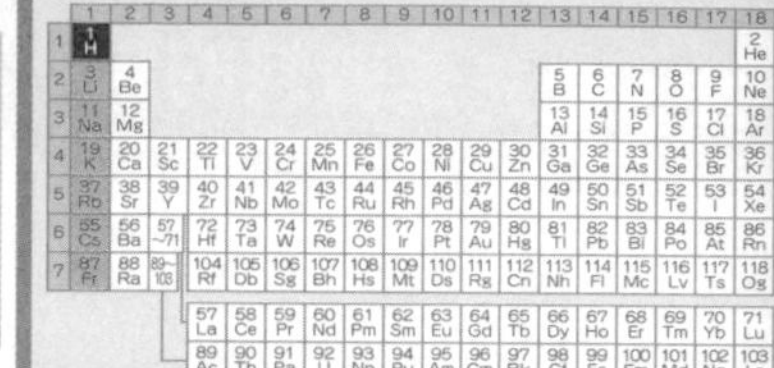

1	2	3	4	5	6	7	8	9	10	11	12	13	14	15	16	17	18
1 H																	2 He
3 Li	4 Be											5 B	6 C	7 N	8 O	9 F	10 Ne
11 Na	12 Mg											13 Al	14 Si	15 P	16 S	17 Cl	18 Ar
19 K	20 Ca	21 Sc	22 Ti	23 V	24 Cr	25 Mn	26 Fe	27 Co	28 Ni	29 Cu	30 Zn	31 Ga	32 Ge	33 As	34 Se	35 Br	36 Kr
37 Rb	38 Sr	39 Y	40 Zr	41 Nb	42 Mo	43 Tc	44 Ru	45 Rh	46 Pd	47 Ag	48 Cd	49 In	50 Sn	51 Sb	52 Te	53 I	54 Xe
55 Cs	56 Ba	57~71	72 Hf	73 Ta	74 W	75 Re	76 Os	77 Ir	78 Pt	79 Au	80 Hg	81 Tl	82 Pb	83 Bi	84 Po	85 At	86 Rn
87 Fr	88 Ra	89~103	104 Rf	105 Db	106 Sg	107 Bh	108 Hs	109 Mt	110 Ds	111 Rg	112 Cn	113 Nh	114 Fl	115 Mc	116 Lv	117 Ts	118 Og
			57 La	58 Ce	59 Pr	60 Nd	61 Pm	62 Sm	63 Eu	64 Gd	65 Tb	66 Dy	67 Ho	68 Er	69 Tm	70 Yb	71 Lu
			89 Ac	90 Th	91 Pa	92 U	93 Np	94 Pu	95 Am	96 Cm	97 Bk	98 Cf	99 Es	100 Fm	101 Md	102 No	103 Lr

宇宙中數量最多的元素就是氫，據說宇宙中的原子數有 9 成都是氫。不過，因為它非常輕，所以質量只占全宇宙的 7 成。

因為氫很輕，所以曾用於熱氣球跟飛行船。但是，它也很容易燃燒，易造成重大事故，所以現在已不使用。易燃的特性，會產生爆炸性的能量，所以將其應用於發射太空梭。

近年來，將氫作為燃料的「燃料電池車」(fuel cell vehicle) 已實際投入生產。燃料電池是讓氫與氧反應，產生電力的裝置。

基本資料

【質子數】1
【價電子數】1
【原子量】1.00784 ~ 1.00811
【熔　點】-259.14
【沸　點】-252.87
【密　度】0.00008988
【豐　度】[地球] 1520ppm
[宇宙] 2.79×10^{10}
【存在場所】水、胺基酸等
【價　格】350日圓(1 ㎥)♣
【發現者】卡文迪西(英國)
【發現年分】1766年

元素名稱的由來

希臘文的「水」(hydro) 與「產生」(genes) 之意。

發現時的小故事

1766年，英國化學家卡文迪西（Henry Cavendish）發現酸跟鐵反應產生的氣體遠比空氣輕。這就是氫。其名稱是由1783年法國化學家拉瓦節（Antoine Lavoisier）所命名。

金屬(固體) 金屬(液體) 非金屬(固體)

非金屬(液體)

非金屬(氣體

氦
Helium

氦跟氫都是宇宙誕生之初形成的元素。現在，氦在宇宙中的原子數僅次於氫，若將氫跟氦的質量相加，約占宇宙一般物質的98%。

氦的質量很輕，僅次於氫，但不同的是，氦不可燃所以較為安全。因此，現在已將氦代替氫作為熱氣球跟飛行船的升空氣體。

而且，氦還有一大特點是所有元素中沸點最低的元素。其液體用於醫療用MRI（磁振造影）跟磁浮列車的線性馬達。

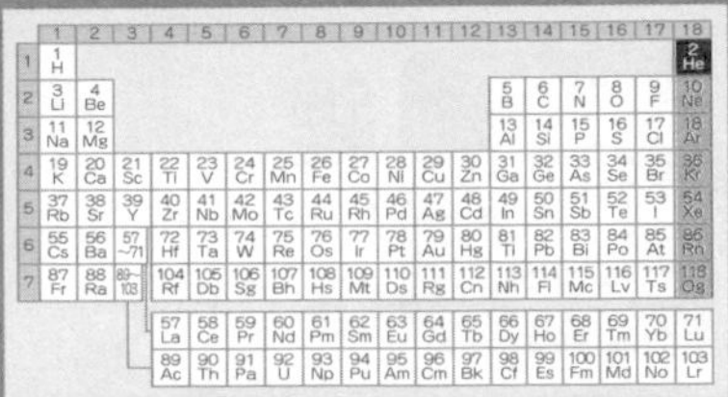

基本資料

【質子數】2
【價電子數】0
【原子量】4.002602
【熔　點】-272.2
【沸　點】-268.934
【密　度】0.0001785
【豐　度】[地球] 0.008ppm
[宇宙] 2.72×10^9
【存在場所】某些天然氣
【價　格】2500日圓（1㎥）♣
【發現者】洛克耶（英國）
【發現年分】1868年

元素名稱的由來

希臘文的「太陽」（helios）。

發現時的小故事

英國天文學家洛克耶（Joseph Lockyer）觀察日全食，認為太陽的黃光是一種新的元素發射出來的。他將此元素命名為氦。1890年，美國的希爾布蘭德（William Francis Hillebrand）從鈾礦分離出不活潑的氣體，1895年英國的瑞姆奇（William Ramsay）認為這就是氦。

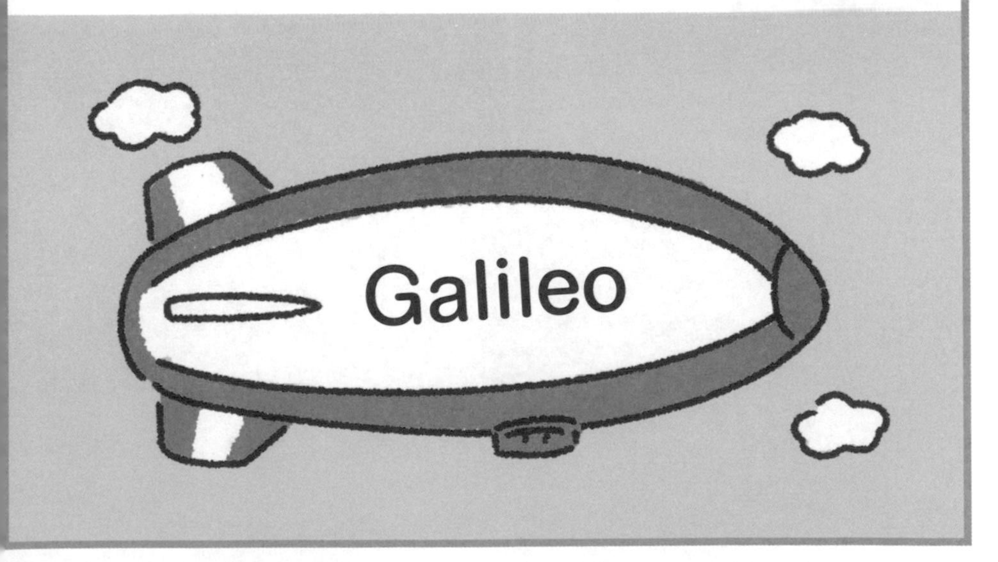

地殼中的占比　人工合成元素

鋰
Lithium

20ppm

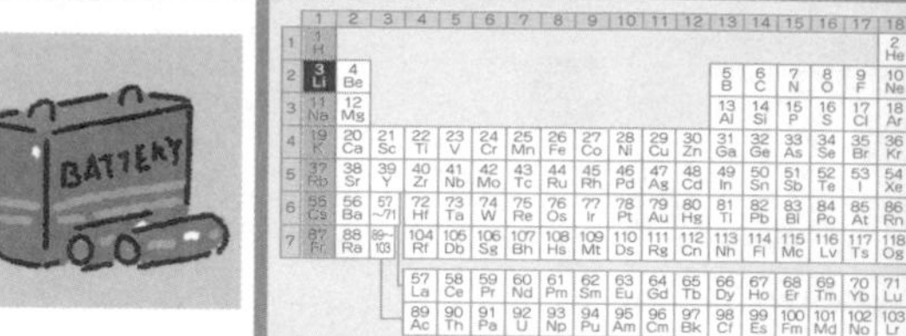

鋰跟氦、氫一樣都是宇宙誕生之初形成的元素。

一聽到鋰，馬上會想到「鋰離子電池」吧？鋰離子電池又輕，容量又大，而且充電效率快，所以用於筆記型電腦跟智慧型手機等行動裝置的電池。

此外，只要將鋰加入無色的火焰中，就會表現出鮮紅色的焰色反應（flame reaction）。焰色反應是指燃燒反應時，元素會有其獨特的顏色，這個特性可應用於煙火。

基本資料

【質子數】3
【價電子數】1
【原子量】6.938～6.997
【熔　點】180.54
【沸　點】1347
【密　度】0.534
【豐　度】[地球] 20ppm
[宇宙] 57.1
【存在場所】鋰輝石、紅雲母(鋰雲母)
(智利、加拿大等地)
【價　格】902日圓(1公斤)◆
【發現者】阿韋德松(瑞典)
【發現年分】1817年

元素名稱的由來

希臘文的「石頭」(lithos)。

發現時的小故事

阿韋德松（Johan Arfwedson）因分析名為「透鋰長石」的礦物而發現鋰。這是第一次從礦物中發現鹼金屬元素。

金屬(固體)　金屬(液體)

非金屬(固體)

非金屬(液體)

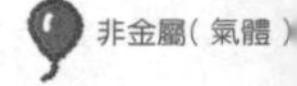
非金屬(氣體)

鈹
Beryllium

2.6ppm

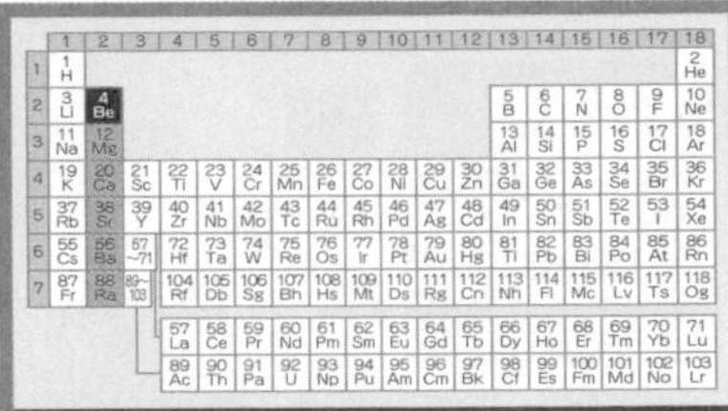

鈹是銀白色的金屬，質量輕又堅固，強度、熔點很高。

銅中添加鈹的鈹銅合金是所有銅合金中最堅固的合金，且兼具導電性，所以會用於各種不同的彈簧零件材料，對電子儀器與汽車的小型化與輕量化、耐用度有很大的貢獻。除此之外，鈹銅合金不易產生火花，這項性質可用於製造安全工具（鎚子及扳手等）。

此外，若將鈹用於喇叭的振動板時，就能重複播放出更高的聲音，所以常使用於高級音響。

基本資料

【質子數】4
【價電子數】2
【原子量】9.01218
【熔　點】1285
【沸　點】2780
【密　度】1.857
【豐　度】[地球] 2.6ppm
　　　　　[宇宙] 0.73
【存在場所】綠柱石、矽鈹石
　　　　　（巴西、俄羅斯等地）
【價　格】—
【發現者】維勒（德國）與比希（法國）
【發現年分】1828年

元素名稱的由來

礦物「綠柱石」（beryl）的名稱。

發現時的小故事

維勒（Friedrich Wöhler）與比希（Antoine Bussy）各自分析綠柱石而發現鈹。在發現元素的同一年，德國的克拉普羅特（Martin Klaproth）命名為鈹。

硼
Boron

950ppm

硼不論是單質或是化合物，耐燃性都很優秀。單質的硼是黑灰色的，跟玻璃混合後就會變透明。含有硼的玻璃，有熱膨脹係數較低的優點，即使加熱也不太會變形。因此，耐熱玻璃經常用於廚房的鍋具，以及化學實驗用的錐形瓶跟燒杯。

此外，硼酸可以做成「滅蟑劑」，用來滅除蟑螂。它也會用於醫療用的眼睛清洗液。除此之外，硼的化合物還會用於拋光劑、合金的添加劑等，有許多工業用途。

基本資料

【質子數】5
【價電子數】3
【原子量】10.806～10.821
【熔　點】2300
【沸　點】3658
【密　度】2.34
【豐　度】［地球］950ppm
［宇宙］21.2
【存在場所】硼砂、硬硼鈣石（美國等地）
【價　格】180日圓（1公克）■
【發現者】莫瓦桑（法國）
【發現年分】1892年

元素名稱的由來

阿拉伯文的「硼砂」（buraq）。

發現時的小故事

硼砂（硼的化合物）是自古就已知的物質。硼的單質是莫瓦桑（Henri Moissan）從氧化硼分離出來的。

金屬（固體）　金屬（液體）　非金屬（固體）

非金屬（液體）
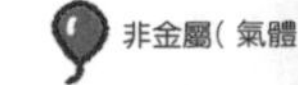
非金屬（氣體

碳
Carbon

碳是史前時代起就以木炭形態在使用的元素。同時，它也是現代科學最先進的元素。碳原子所構成的奈米碳管（carbon nanotube）又輕又堅固，預期可應用於各種領域，譬如汽車跟太空梭的材料。

碳原子彼此之間的鍵結非常堅固，和同重量的鋼鐵相比，奈米碳管的強度是其80倍。礦物中最貴的鑽石只由碳構成。另外還有用於鉛筆筆芯材料的石墨，也是僅由碳原子形成的常見案例。

	1	2	3	4	5	6	7	8	9	10	11	12	13	14	15	16	17	18
1	1 H																	2 He
2	3 Li	4 Be											5 B	6 C	7 N	8 O	9 F	10 Ne
3	11 Na	12 Mg											13 Al	14 Si	15 P	16 S	17 Cl	18 Ar
4	19 K	20 Ca	21 Sc	22 Ti	23 V	24 Cr	25 Mn	26 Fe	27 Co	28 Ni	29 Cu	30 Zn	31 Ga	32 Ge	33 As	34 Se	35 Br	36 Kr
5	37 Rb	38 Sr	39 Y	40 Zr	41 Nb	42 Mo	43 Tc	44 Ru	45 Rh	46 Pd	47 Ag	48 Cd	49 In	50 Sn	51 Sb	52 Te	53 I	54 Xe
6	55 Cs	56 Ba	57~71	72 Hf	73 Ta	74 W	75 Re	76 Os	77 Ir	78 Pt	79 Au	80 Hg	81 Tl	82 Pb	83 Bi	84 Po	85 At	86 Rn
7	87 Fr	88 Ra	89~103	104 Rf	105 Db	106 Sg	107 Bh	108 Hs	109 Mt	110 Ds	111 Rg	112 Cn	113 Nh	114 Fl	115 Mc	116 Lv	117 Ts	118 Og
				57 La	58 Ce	59 Pr	60 Nd	61 Pm	62 Sm	63 Eu	64 Gd	65 Tb	66 Dy	67 Ho	68 Er	69 Tm	70 Yb	71 Lu
				89 Ac	90 Th	91 Pa	92 U	93 Np	94 Pu	95 Am	96 Cm	97 Bk	98 Cf	99 Es	100 Fm	101 Md	102 No	103 Lr

基本資料

【質子數】6
【價電子數】4
【原子量】12.0096～12.0116
【熔　點】3550（鑽石形態）
【沸　點】4800（鑽石形態。昇華點）
【密　度】3.513（鑽石形態）
【豐　度】[地球] 480ppm
[宇宙] 1.01×10^{7}
【存在場所】石墨（中國等地），
鑽石（剛果等地）
【價　格】194日圓（1公斤）◆
天然石墨粉末
【發現者】勃拉克（英國）
【發現年分】1752～1754年

元素名稱的由來

拉丁文的「木炭」（Carbo）。

發現時的小故事

勃拉克（Joseph Black）發現加熱石灰岩時，會產生碳酸鹽跟酸反應時同樣的氣體（後來證實是二氧化碳），並將其發現發表成論文。由法國化學家拉瓦節命名為「碳」。

氮
Nitrogen

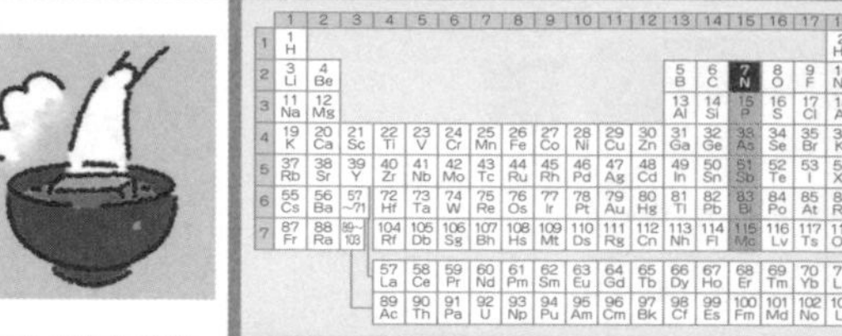

氮占人類體重3%左右，存在於胺基酸等化合物中。胺基酸是蛋白質的元件，蛋白質可組成肌肉、骨頭、血液等，是構成生物不可或缺的材料。

不過，儘管氮占空氣的 8 成左右，我們並無法靠呼吸來攝取氮，而要透過進食攝取。

此外，氮的沸點很低，其值約負195.8℃。因此液態氮可以在負195.8℃的極低溫下，作為冷卻劑來冷凍乾燥食材或保存細胞。

基本資料

【質子數】7
【價電子數】5
【原子量】14.00643～14.00728
【熔　點】-209.86
【沸　點】-195.8
【密　度】0.0012506
【豐　度】[地球]25ppm
[宇宙]3.13×10^6
【存在場所】空氣中、硝石(印度等地)
智利硝石(智利等地)
【價　格】270日圓(1㎥)♣
【發現者】拉塞福(Daniel Rutherford)
(英國)
【發現年分】1772年

元素名稱的由來

希臘文的「硝石」(nitre)與「產生」(genes)之意。

發現時的小故事

在大氣中使碳化合物燃燒，移除二氧化碳後，分離剩下的氣體。為「氮」命名的是法國化學家沙普塔(Jean-Antoine Chaptal)。

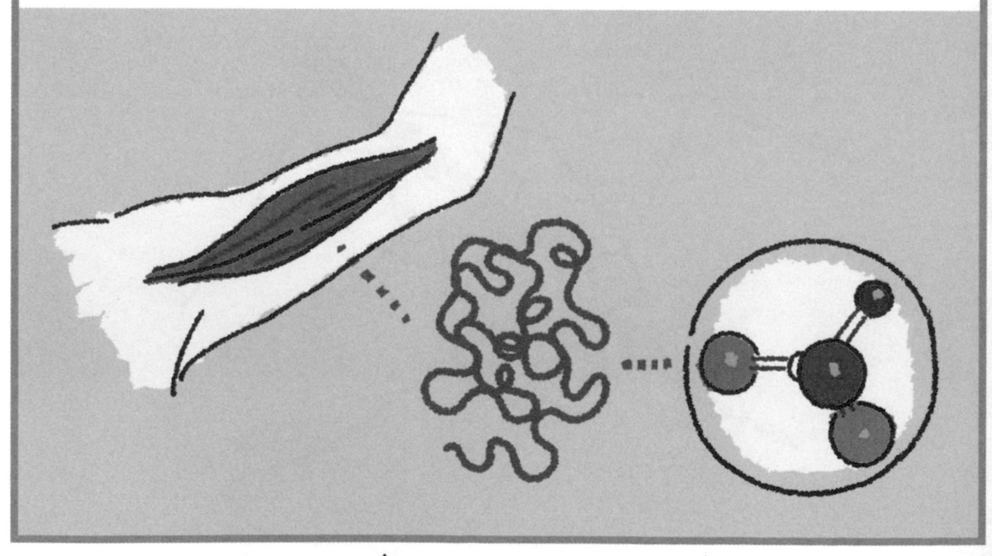

金屬(固體)  金屬(液體)  非金屬(固體) 非金屬(液體) 非金屬(氣體)

氧

Oxygen

氧的體積約占大氣的21%，但據說原始地球的大氣幾乎不含氧。現在大氣中的氧，是生物進行光合作用以二氧化碳跟水生成出來的產物。

光合作用會在植物葉細胞中的葉綠體（chloroplast）中進行，生成出來的氧會從植物的氣孔釋放到大氣中。其中一部分會上升至平流層，形成臭氧分子。然後，臭氧分子會吸收太陽照射下來的有害紫外線，保護陸地上的生命。

基本資料

【質子數】8
【價電子數】6
【原子量】15.99903~15.99977
【熔　點】-218.4
【沸　點】-182.96
【密　度】0.001429
【豐　度】[地球] 47萬4000ppm
[宇宙] 2.38×10^7
【存在場所】空氣中，水
【價　格】260日圓（1㎥）♣
【發現者】舍勒（瑞典）卜利士力（英國）
【發現年分】1771年

元素名稱的由來

希臘文的「酸」（oxys）與「產生」（genes）之意。

發現時的小故事

舍勒（Carl Scheele）首度研究氧的性質，並將其彙整成一本書，但因出版社的延遲，至1777年才發行這本書。在這之前卜利士力（Joseph Priestley）已於1771年發表關於氧的研究成果，所以學界對於誰才是氧的發現者爭論了好幾年。

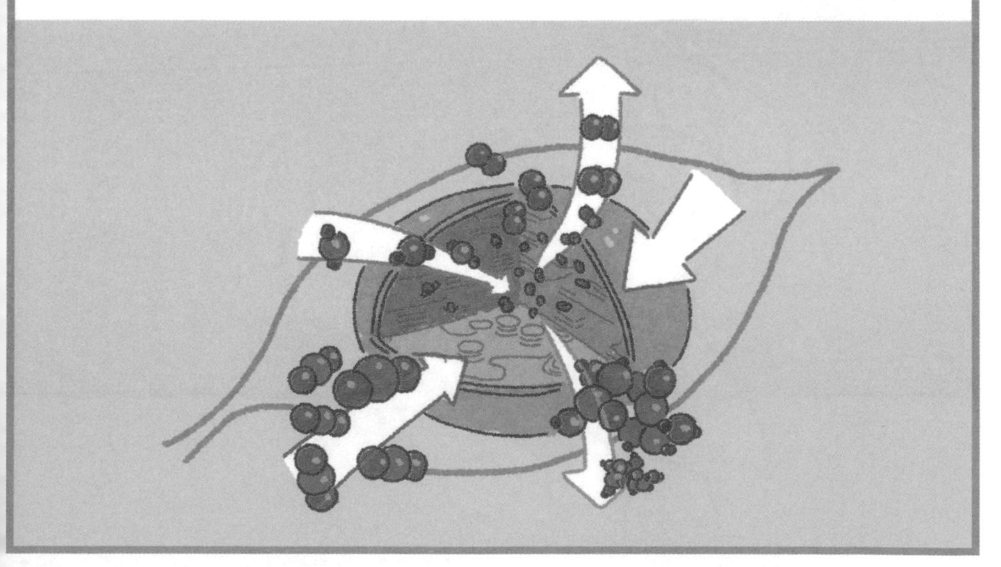

氟
Fluorine

950ppm

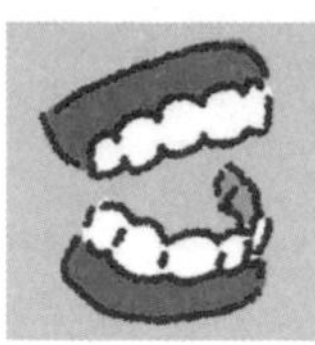

氟的活性很強，會跟氦與氖以外的所有元素反應，形成化合物。因此在自然界中幾乎不存在單質，大部分存在於螢石跟冰晶石中。

生活上最為人所知的是不沾鍋跟其他鍋子的塗層，其材料是氟與碳形成的氟碳樹脂（fluorocarbon resin）。氟碳樹脂很耐熱，不會沾黏水跟油是最大特色。

此外，氟會促進牙齒的再鈣化。當口內因進食而呈酸性時，氟會抑制鈣溶出，達到預防蛀牙的效果。

	1	2	3	4	5	6	7	8	9	10	11	12	13	14	15	16	17	18
1	1 H																	2 He
2	3 Li	4 Be											5 B	6 C	7 N	8 O	9 F	10 Ne
3	11 Na	12 Mg											13 Al	14 Si	15 P	16 S	17 Cl	18 Ar
4	19 K	20 Ca	21 Sc	22 Ti	23 V	24 Cr	25 Mn	26 Fe	27 Co	28 Ni	29 Cu	30 Zn	31 Ga	32 Ge	33 As	34 Se	35 Br	36 Kr
5	37 Rb	38 Sr	39 Y	40 Zr	41 Nb	42 Mo	43 Tc	44 Ru	45 Rh	46 Pd	47 Ag	48 Cd	49 In	50 Sn	51 Sb	52 Te	53 I	54 Xe
6	55 Cs	56 Ba	57~71	72 Hf	73 Ta	74 W	75 Re	76 Os	77 Ir	78 Pt	79 Au	80 Hg	81 Tl	82 Pb	83 Bi	84 Po	85 At	86 Rn
7	87 Fr	88 Ra	89~103	104 Rf	105 Db	106 Sg	107 Bh	108 Hs	109 Mt	110 Ds	111 Rg	112 Cn	113 Nh	114 Fl	115 Mc	116 Lv	117 Ts	118 Og
				57 La	58 Ce	59 Pr	60 Nd	61 Pm	62 Sm	63 Eu	64 Gd	65 Tb	66 Dy	67 Ho	68 Er	69 Tm	70 Yb	71 Lu
				89 Ac	90 Th	91 Pa	92 U	93 Np	94 Pu	95 Am	96 Cm	97 Bk	98 Cf	99 Es	100 Fm	101 Md	102 No	103 Lr

基本資料

【質子數】9
【價電子數】7
【原子量】18.998403163
【熔　點】-219.62
【沸　點】-188.14
【密　度】0.001696
【豐　度】[地球]950ppm
[宇宙]843
【存在場所】螢石（墨西哥等地）
冰晶石（主要產地位於西格陵蘭偉晶花崗岩礦床）
【價　格】29日圓（1公斤）◆螢石
【發現者】莫瓦桑（法國）
【發現年分】1886年

元素名稱的由來

拉丁文的「螢石」（gluorite）。

發現時的小故事

氟是活性很強的物質，在想要分離出氟卻失敗的人當中，有些還因此中毒喪命。首次分離出單質的人是莫瓦桑，他成為1906年諾貝爾獎得主。

金屬（固體）　金屬（液體）　非金屬（固體）　非金屬（液體）　非金屬（氣體）

氖
Neon

氖是惰性氣體（或稱稀有氣體）的一員，將氖封閉於管中並施以電壓時，就會發出耀眼的紅光。夜晚的街道正是利用了氖這項性質，才會有繽紛的霓虹燈。

霓虹燈的原理是其玻璃管中的電子會放電，使氖原子的電子變成激發態（excited state），當它回到原本穩定的狀態時就會發出紅光。

若將氖與其他惰性氣體一起密封在玻璃管內，就可使其發出多種顏色的光芒。例如，氬會發出藍紫色的光芒，所以跟氖混合後，就能使霓虹燈發出紅色跟藍紫色的中間色。

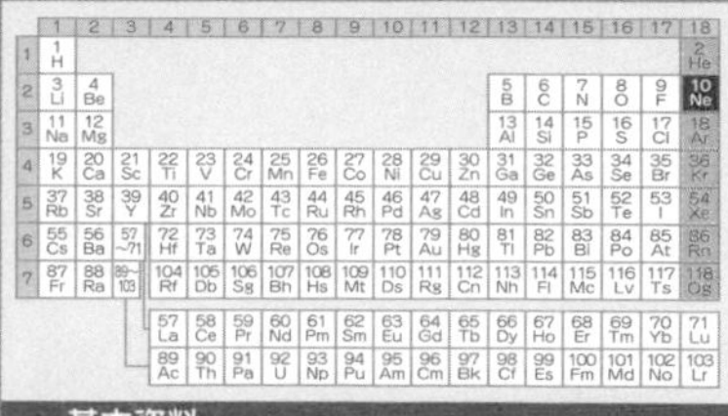

基本資料

【質子數】10
【價電子數】0
【原子量】20.1797
【熔　點】-248.67
【沸　點】-246.05
【密　度】0.0008999
【豐　度】［地球］0.00007ppm
［宇宙］3.44×10^6
【存在場所】空氣中
【價　格】—
【發現者】拉姆齊（英國）
特拉弗斯（Morris Travers）（英國）
【發現年分】1898年

元素名稱的由來

希臘文的「創新」（neos）。

發現時的小故事

透過分餾液態空氣，同時分離出了氪、氙、氖。因為這項發現，更加確立了週期表的正確性。

為什麼氦能變聲？

派對道具中有一種吸入後聲音會變高的「變聲氣體」，混合了氦氣（He）在裡面。為何只要吸入氦氣，聲音就會變高呢？

人是用肺排出的空氣使聲帶振動，而發出音節形成聲音。**聲帶發出的聲音因人而異，聲帶愈長的人，聲音的振動數（1秒內振動的次數）就愈少，聲音會比較低。**而且人會用喉嚨的空間或口中（口腔）、鼻中（鼻腔）產生共鳴加強發出的聲音。

然而，當發聲通道含有氦氣時，氣體的密度就會小於空氣，使聲音在空氣中快速前進，形成振動數較多的高音。而且這個高音會在喉嚨或口中、鼻中共鳴，發出較高的聲音。這就是吸入氦氣聲音為變高的原因。即使用同樣的聲帶發出聲音，也會因為氣體的密度不同，而改變聲音的高低。

註：灌氣球用的氦氣不含氧氣（O_2），若吸入則會窒息。而且，大量吸入 變聲氣體會有失去意識的危險性，使用上請多加小心。

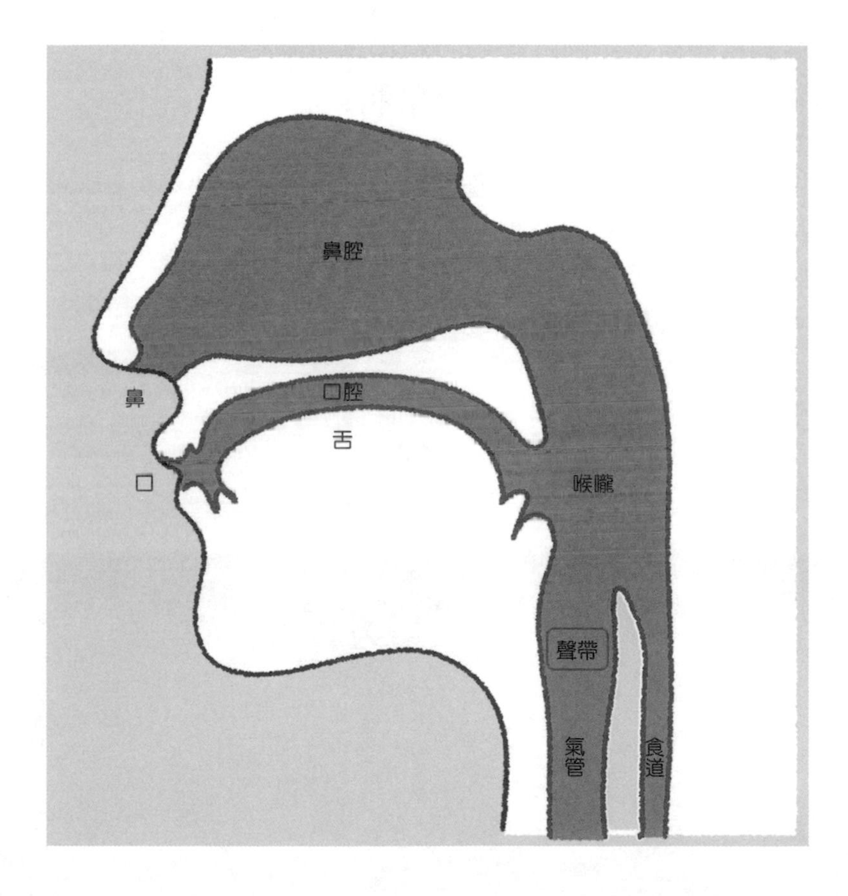
鼻腔
鼻
口腔
舌
口
喉嚨
聲帶
氣管
食道

鈉
Sodium

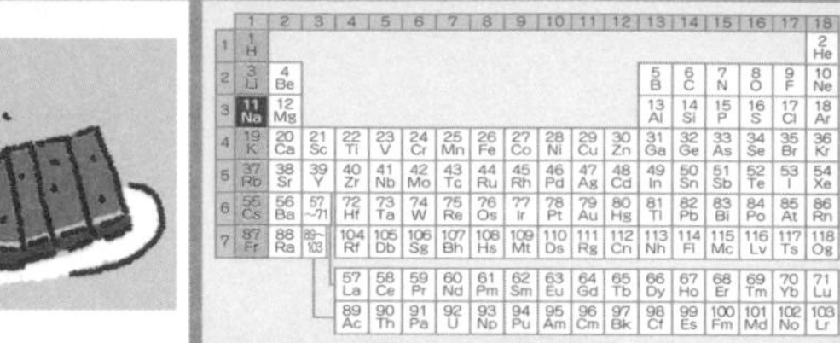

說到最貼近生活的鈉，就是氯化鈉（食鹽）。人體內含有的鈉離子與氯離子，具有調控神經跟肌肉的運動，幫助消化的功能，是人體不可或缺的無機質之一。

日常生活中所見的鈉還有隧道內部及高速公路使用的黃色鈉照明燈。這些照明燈會發出黃色光芒是因為鈉的焰色反應所致。鈉照明燈具有省電、壽命長等優點。

基本資料

【質子數】11
【價電子數】1
【原子量】22.98976928
【熔　點】97.81
【沸　點】883
【密　度】0.971
【豐　度】[地球]2萬3000ppm
[宇宙]5.74×10^4
【存在場所】岩鹽（世界各地）
碳酸鈉（美國、波札那等地）
【價　格】450日圓（1公斤）★
氯化鈉
【發現者】戴維（英國）
【發現年分】1807年

元素名稱的由來

阿拉伯文的「蘇打」(suda)。

發現時的小故事

戴維（Humphry Davy）電解氫氧化鈉，分離出單質的鈉。

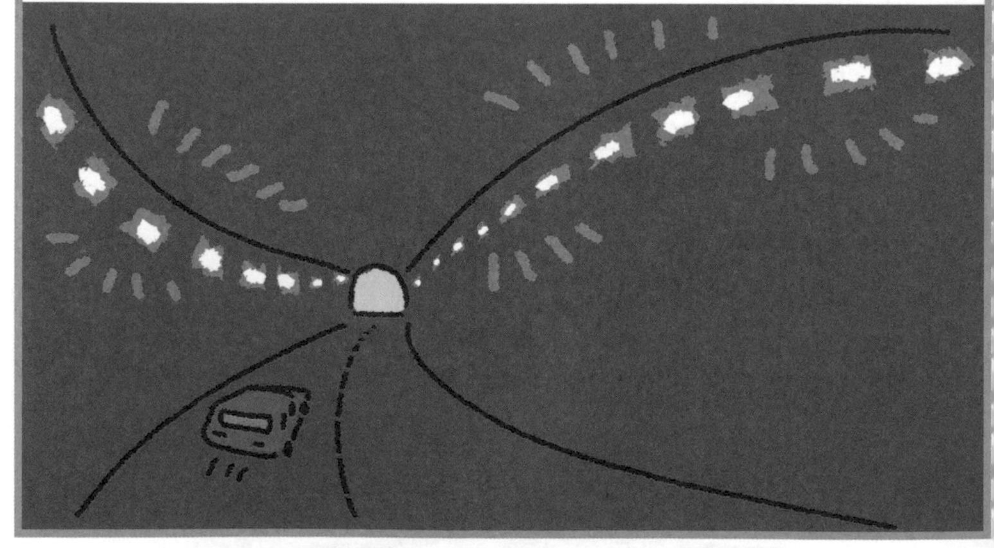

金屬（固體）　金屬（液體）　非金屬（固體）

鎂
Magnesium

鎂是繼鋰、鈉之後第3輕的金屬。鎂合金又輕又堅固，常用於筆記型電腦的外殼。只不過，鎂合金非常容易生鏽，所以表面一定要做塗層。

植物行光合作用時，鎂也肩負著非常重要的功能。植物葉綠體中的「葉綠素」（chlorophyll）以鎂為其核心結構，會將光轉化成電子。這些電子會用於有機化合物的合成。

此外，製作豆腐時使用的「滷水」，其主成分正是氯化鎂。

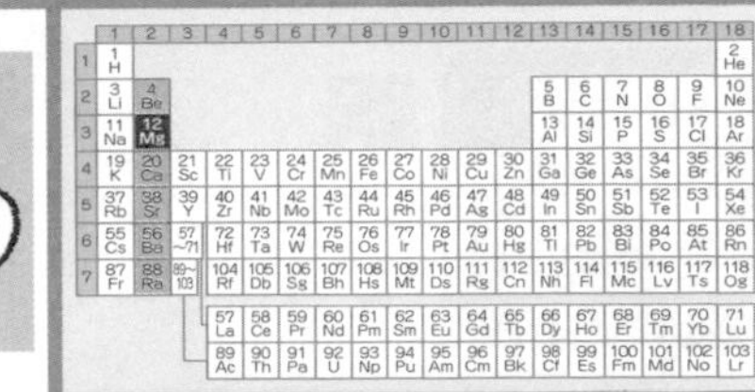

基本資料

【質子數】12
【價電子數】2
【原子量】24.304～24.307
【熔　點】648.8
【沸　點】1090
【密　度】1.738
【豐　度】［地球］2萬3000ppm
［宇宙］1.074×10^6
【存在場所】白雲石（世界各地）
菱鎂礦（中國、俄羅斯、北韓等地）
【價　格】231日圓（1公斤）◆純鎂
【發現者】勃拉克（英國）
【發現年分】1755年

元素名稱的由來

位於希臘馬格尼西亞地區的菱鎂礦。

發現時的小故事

最初知道鎂是元素的人是勃拉克。1808年，戴維使用電解法分離金屬，並命名為「鎂」。

鋁
Aluminium

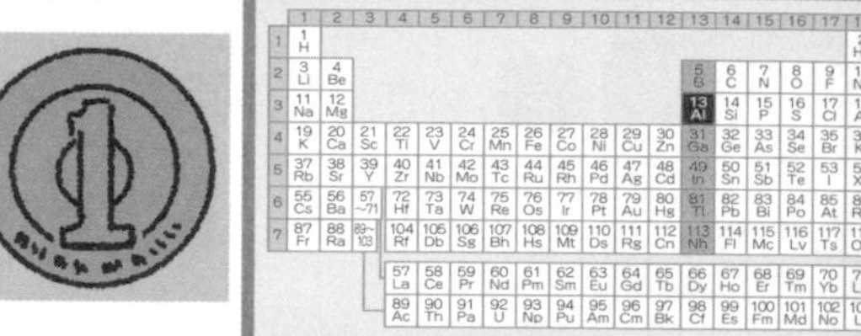

鋁是地殼中最多的金屬元素，含量僅次於氧和矽。金屬鋁的工業生產起始於19世紀中期，在當時是非常貴重的金屬。現在已大量生產，又輕又耐蝕的性質常應用在我們日常生活上。

金屬鋁是銀白色的輕金屬。暴露於空氣中，表面會包覆一層薄薄的氧化保護膜，使內部不會接觸到氧，所以不易腐蝕。

除了1日圓硬幣跟火車的車體之外，鋁還運用在多種領域，例如抗潰瘍藥物。

基本資料

【質子數】13　【價電子數】3
【原子量】26.9815385
【熔　點】660.32
【沸　點】2467
【密　度】2.6989
【豐　度】[地球]8萬2000ppm
[宇宙]8.49×10^4
【存在場所】鋁土礦（幾內亞等地）
【價　格】140日圓（1公斤）♣
鋁含量99.7%的金屬塊
【發現者】厄斯特（瑞典）
【發現年分】1825年

元素名稱的由來

來自古希臘跟羅馬稱明礬的舊名「alumen」。

發現時的小故事

1807年戴維從明礬分離出金屬的氧化物，並命名為「鋁」。純金屬的分離於1825年由厄斯特（Hans Oersted）進行。近代鋁的工業生產法是由美國的霍爾（Charles Hall）與法國的埃魯（Paul Héroult）各自獨立開發出來的。

金屬（固體）　金屬（液體）

非金屬（固體）

非金屬（液體）

非金屬（氣體）

矽
Silicon

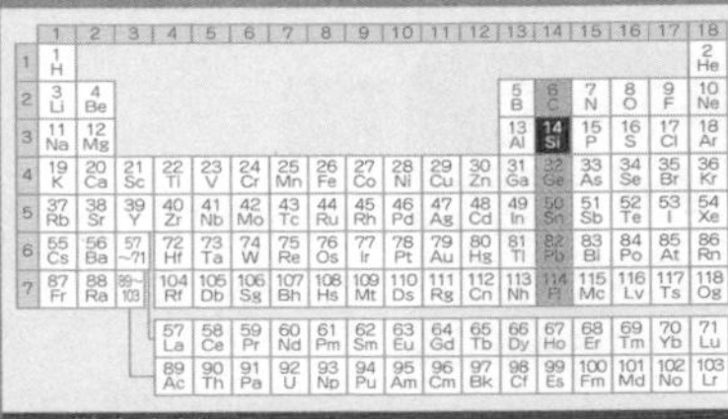

矽是最代表性的半導體。或許有些人會覺得它的英文名稱「silicon」比較好理解，半導體是指改變環境條件就會導電或不導電的物質。

利用這半導體性質開發出來的就是LSI（大型積體電路），現在已配備在電腦等各項電子產品上。矽可說是現代電子文明的核心元素。

此外，矽也是太陽能電池的重要材料，用於收集陽光的太陽能板，矽的晶體是世上最普及的物質。

基本資料

【質子數】14
【價電子數】4
【原子量】28.084～28.086
【熔　點】1410
【沸　點】2355
【密　度】2.3296
【豐　度】[地球]27萬7100ppm
[宇宙]1.00 × 10^6
【存在場所】石英等
（存在於諸多岩石中）
【價　格】165日圓（1公斤）◆
二氧化矽
【發現者】貝吉里斯（瑞典）
【發現年分】1824年

元素名稱的由來

英文名稱是拉丁文的「打火石」（silicis 或 silex）。

發現時的小故事

貝吉里斯（Jöns Jacob Berzelius）使用金屬鉀還原氟化矽分離出矽。純矽晶體是由法國的德維勒（Henri Deville）在1854年左右製造出來的。

磷

Phosphorus

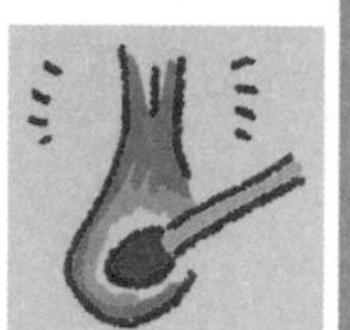

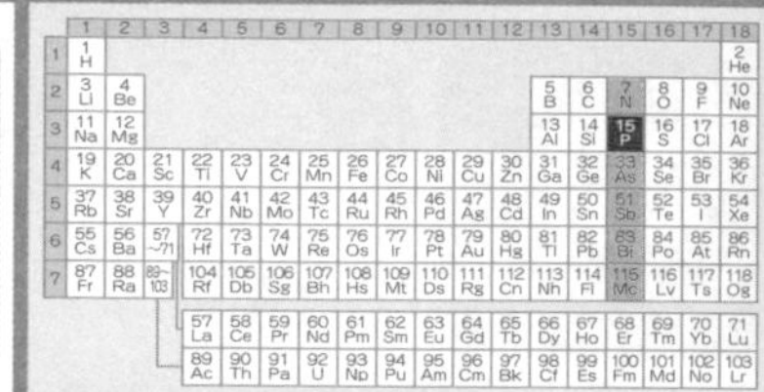

磷會構成生物體中多種化合物，是生物不可欠缺的元素。磷酸鈣會形成骨骼跟牙齒。而且，合成DNA等遺傳物質也必須要有磷。

此外，生物體內的能量來源ATP（腺苷三磷酸）也是磷的化合物。只要使用ATP的能量，肌肉就會運動。

生活上會用到磷的例子還有火柴的點火劑。而且，墓地出現鬼火的靈異現象，世間流傳的說法是人體土葬後，磷會到地面燃燒，只是可信度不高。

基本資料

【質子數】15
【價電子數】5
【原子量】30.973761998
【熔　點】44.2
【沸　點】280
【密　度】1.82（白磷）
【豐　度】［地球］1000ppm
［宇宙］1.04×10^4
【存在場所】磷灰石等（摩洛哥等地）
【價　格】88日圓（1公斤）◆磷酸（原料）
【發現者】布蘭德（德國）
【發現年分】1669年

元素名稱的由來

希臘文的「光」（phos）與「搬運物品」（phoros）之意。

發現時的小故事

布蘭德（Hennig Brand）是名鍊金術師，他從人的尿液分離出磷。從人體內發現磷是極為罕見的例子。

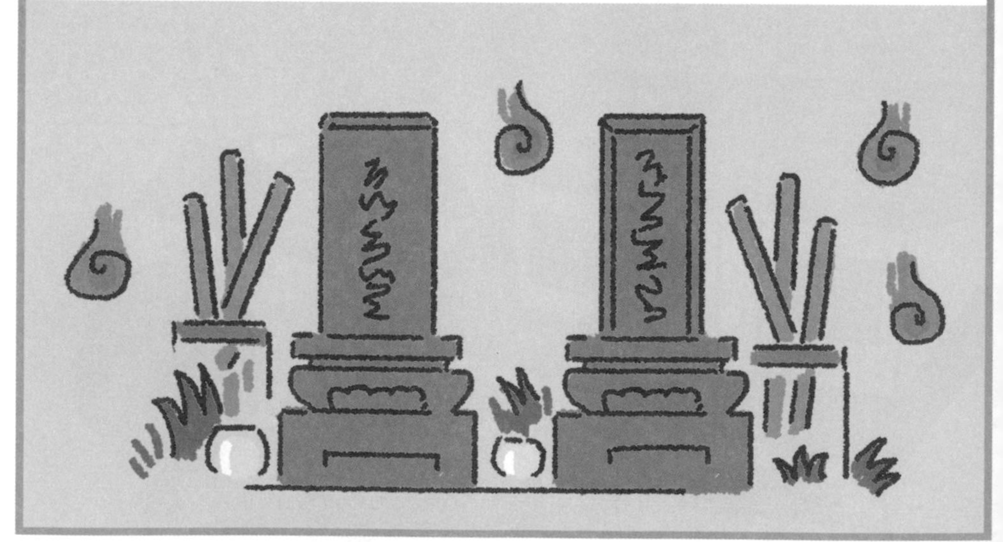

金屬（固體）

金屬（液體）

非金屬（固體）

非金屬（液體）
非金屬（氣體）

硫
Sulfur

  260ppm

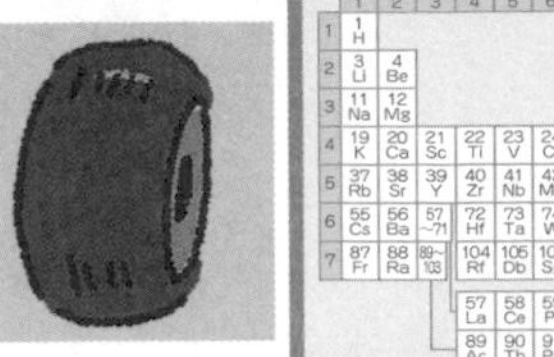

一般而言，去泡溫泉，就經常會聞到「硫的臭味」，不過其實臭味的來源是硫的化合物硫化氫。硫的單質是無味的。

硫具有賦予橡膠彈力的效果。橡膠輪胎的橡膠強度即決定於碳與硫混合的比例。在路上行駛的汽車輪胎之中也會添加數%的硫。

而且，硫會用於火柴跟火藥、醫療用品的原料。人體必須胺基酸中的甲硫胺酸（methionine）也含有硫。

基本資料

【質子數】16
【價電子數】6
【原子量】32.059～32.076
【熔　點】112.8（α），119.0（β）
【沸　點】444.674（β）
【密　度】2.07（α），1.957（β）
【豐　度】［地球］260ppm
［宇宙］5.15×10^5
【存在場所】石膏等（石膏是最普遍的硫酸鹽礦物）
【價　格】15日圓（1公克）★
【發現者】—
【發現年分】—

元素名稱的由來

來自梵文「火源」（sulvere）的拉丁文「硫」（sulpur）。

發現時的小故事

由於硫是天然生成的晶體，所以自古就已知有硫。指出硫為元素的人是拉瓦節。

氯
Chlorine

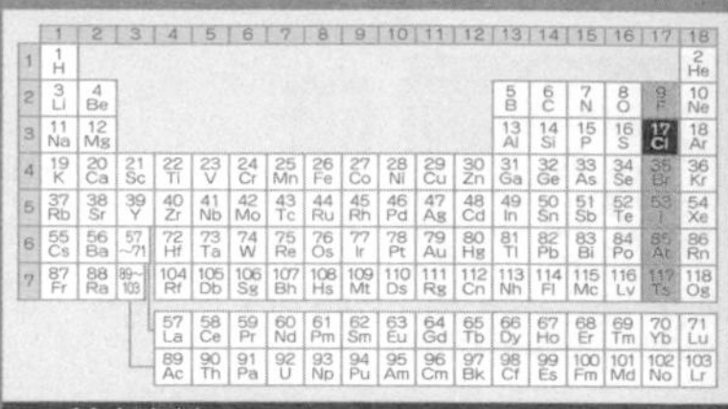

氯最生活化的例子就是氯化鈉（食鹽）了吧。氯有很強的氧化力與殺菌力，因此常用於衣服跟餐具的漂白劑，以及飲用水跟游泳池的消毒劑。含氯的家庭用漂白劑會標示「勿混合使用，具危險性」，是因為氯只要跟酸性物質混合，就會產生有毒的氯氣。氯氣在第一次世界大戰時，曾作為化學兵器使用，可見它有多毒。

除此之外，氯的化合物還應用於多種不同領域，如食品用的保鮮膜（聚偏二氯乙烯，PVDC）跟聚氯乙烯（PVC）。

基本資料

【質子數】17
【價電子數】7
【原子量】35.446 ~ 35.457
【熔　點】-101.0
【沸　點】-33.97
【密　度】0.003214
【豐　度】[地球] 130ppm
[宇宙] 5240
【存在場所】岩鹽
（世界性生產）
【價　格】30日圓（1公克）★
過氯酸
【發現者】舍勒（瑞典）
【發現年分】1774年

元素名稱的由來

希臘文「黃綠色」(chloros)。

發現時的小故事

因二氧化錳加鹽酸而發現。當初認為它是化合物。1810年，英國的戴維認為氯是元素的一種。

金屬（固體）　金屬（液體）　 非金屬（固體）　 非金屬（液體）　 非金屬（氣體）

氬
Argon

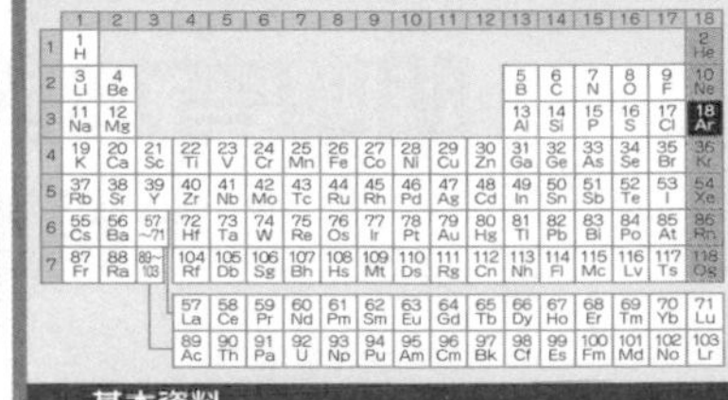

氬最常用於生活中的日光燈。日光燈中填充了汞蒸氣與活性低的氣體，譬如氬。當電極放電時，電子會飛出，並跟汞原子碰撞。碰撞時產生的紫外線會射向塗於玻璃管內側的螢光材料，產生白色的可見光。若使用活性較高的氣體，則會流過太多電流，不過只要封裝氬氣進去就能固定放電。

此外，住宅用的高隔熱性多層玻璃，會在 2 塊玻璃之間密封氬。

基本資料

【質子數】18
【價電子數】0
【原子量】39.948
【熔　點】-189.3
【沸　點】-185.8
【密　度】0.001784
【豐　度】[地球] 1.2ppm
[宇宙] 1.04×10^5
【存在場所】空氣中
【價　格】850日圓（1 ㎥）♣
【發現者】瑞利（英國）
【發現年分】1894年

元素名稱的由來

希臘文的「懶惰鬼」（argos）。

發現時的小故事

1892年英國的科學家瑞利（John Rayleigh）發表了一篇暗示發現氬的論文。拉姆齊讀了論文後也加入研究行列，成功從大氣中分離出新的氣體，命名為「氬」。

明明有加鹽，卻號稱「減鹽」是什麼意思？

一般認為攝取過多鹽分會導致高血壓等文明病。因此，市面上販賣著已控制鹽分的商品，如減鹽醬油與減鹽味噌。在這些商品之中，有一種稱為「低鈉鹽」的品項。明明就是鹽卻說低鈉，究竟是怎麼一回事呢？

普通的食鹽主成分為氯化鈉（NaCl）。氯化鈉經人體吸收後就會分離成鈉離子（Na^{+}）與氯離子（Cl^{-}）。**而研究指出鈉會造成血壓上升。**

因此低鈉鹽是指用氯化鉀（KCL）來取代一部分的氯化鈉。這樣一來，就會得到與減用食鹽相同的效果。而且，據說氯化鉀解離後形成的鉀離子（K^{+}）會將血液中的鈉離子與水分排出，達到降血壓的效果。這就是低鈉鹽之真相。

註：低鈉鹽會增加腎臟的負擔，所以腎臟不好的人不可食用。

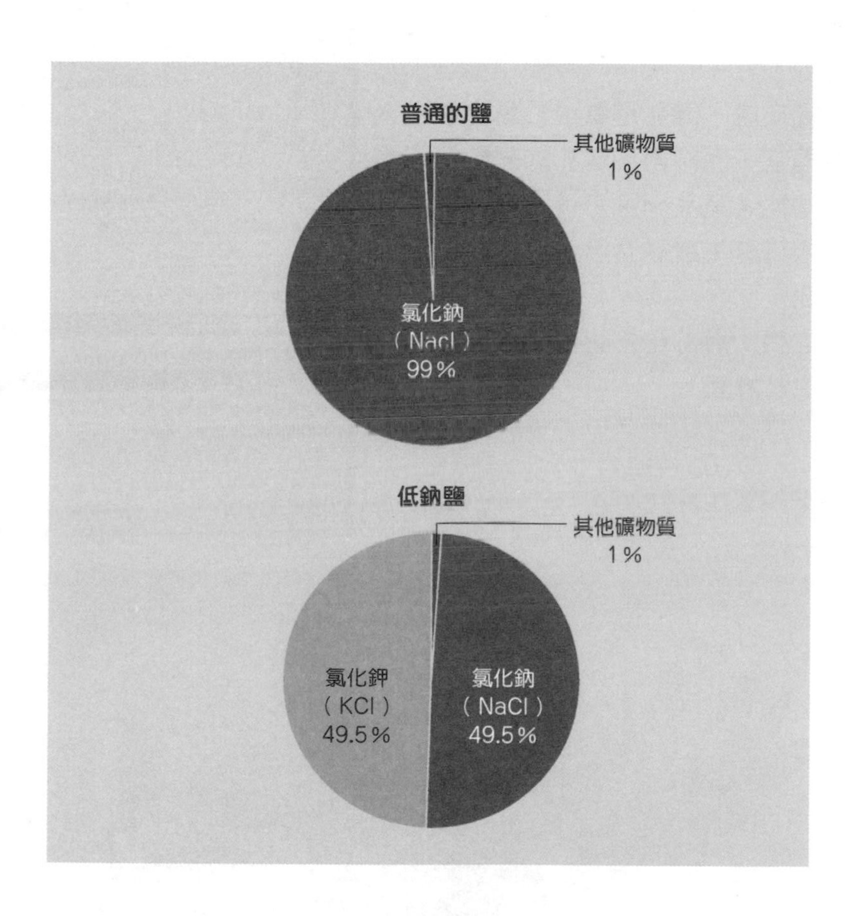
普通的鹽
其他礦物質
1%
氯化鈉
(NaCl)
99%
低鈉鹽
其他礦物質
1%
氯化鉀
(KCl)
49.5%
氯化鈉
(NaCl)
49.5%

	1	2	3	4	5	6	7	8	9	10	11	12	13	14	15	16	17	18
1	1 H																	2 He
2	3 Li	4 Be											5 B	6 C	7 N	8 O	9 F	10 Ne
3	11 Na	12 Mg											13 Al	14 Si	15 P	16 S	17 Cl	18 Ar
4	19 K	20 Ca	21 Sc	22 Ti	23 V	24 Cr	25 Mn	26 Fe	27 Co	28 Ni	29 Cu	30 Zn	31 Ga	32 Ge	33 As	34 Se	35 Br	36 Kr
5	37 Rb	38 Sr	39 Y	40 Zr	41 Nb	42 Mo	43 Tc	44 Ru	45 Rh	46 Pd	47 Ag	48 Cd	49 In	50 Sn	51 Sb	52 Te	53 I	54 Xe
6	55 Cs	56 Ba	57~71	72 Hf	73 Ta	74 W	75 Re	76 Os	77 Ir	78 Pt	79 Au	80 Hg	81 Tl	82 Pb	83 Bi	84 Po	85 At	86 Rn
7	87 Fr	88 Ra	89~103	104 Rf	105 Db	106 Sg	107 Bh	108 Hs	109 Mt	110 Ds	111 Rg	112 Cn	113 Nh	114 Fl	115 Mc	116 Lv	117 Ts	118 Og
				57 La	58 Ce	59 Pr	60 Nd	61 Pm	62 Sm	63 Eu	64 Gd	65 Tb	66 Dy	67 Ho	68 Er	69 Tm	70 Yb	71 Lu
				89 Ac	90 Th	91 Pa	92 U	93 Np	94 Pu	95 Am	96 Cm	97 Bk	98 Cf	99 Es	100 Fm	101 Md	102 No	103 Lr

鉀跟氮、磷一樣都是在植物體內含量高的元素。植物的肥料經常含有這三種元素的化合物。

對植物來說，氣孔是氧跟二氧化碳出入的重要器官，而鉀對於氣孔的開關有非常重要的功能。氣孔細胞會透過攝取鉀離子使細胞內外產生離子濃度差，藉此控制氣孔的開關。

除此之外，鉀的化合物也常用在火柴、煙火、肥皂方面。

基本資料

【質子數】19
【價電子數】1
【原子量】39.0983
【熔　點】63.65
【沸　點】774
【密　度】0.862
【豐　度】[地球]2萬1000ppm
[宇宙]3770
【存在場所】鉀石鹽、光鹵石
(加拿大、俄羅斯等地)
【價　格】38日圓(1公斤)◆
氯化鉀
【發現者】戴維(英國)
【發現年分】1807年

元素名稱的由來

阿拉伯文的「鹼性」(qali)。

發現時的小故事

透過電解氫氧化鉀分離出來。鉀是第一個透過電解法得到的元素。

金屬(固體)　金屬(液體)　非金屬(固體)

非金屬(液體)　非金屬(氣

鈣

Calcium

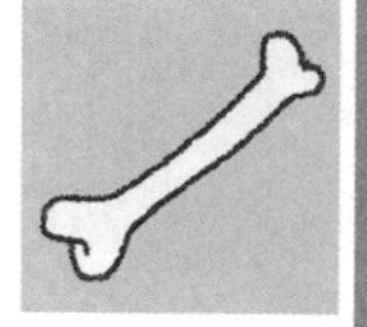

一說到鈣，很多人都會想到骨頭吧。脊椎動物的體內含有形成骨骼與牙齒形狀的磷酸鈣。

鈣在肌肉收縮時也是不可或缺的。而且，骨頭的鈣會釋放到血液中，是調節荷爾蒙作用的鈣源。聽說只要缺鈣就會覺得煩燥，所以市面上已有很多跟鈣有關的保健食品。市區裡蓋建築物使用的水泥也含有鈣。

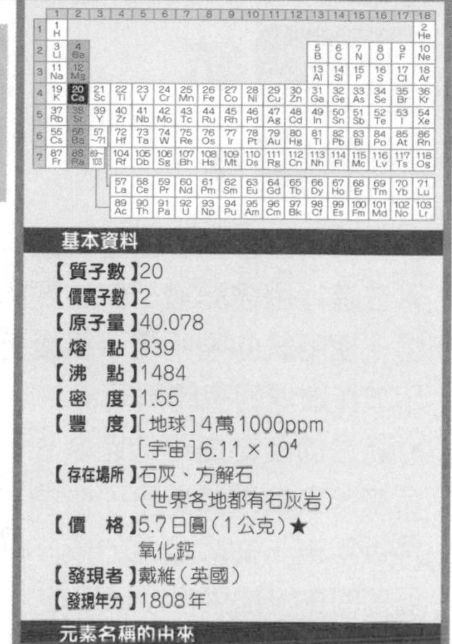

基本資料

【質子數】20
【價電子數】2
【原子量】40.078
【熔　點】839
【沸　點】1484
【密　度】1.55
【豐　度】[地球] 4萬1000ppm
　　　　　[宇宙] 6.11×10^4
【存在場所】石灰、方解石
　　　　　（世界各地都有石灰岩）
【價　格】5.7日圓（1公克）★
　　　　　氧化鈣
【發現者】戴維（英國）
【發現年分】1808年

元素名稱的由來

拉丁文的「石灰」（calx）。

發現時的小故事

戴維電解石灰而發現了鈣，並為其命名。

鈧
Scandium

 16ppm

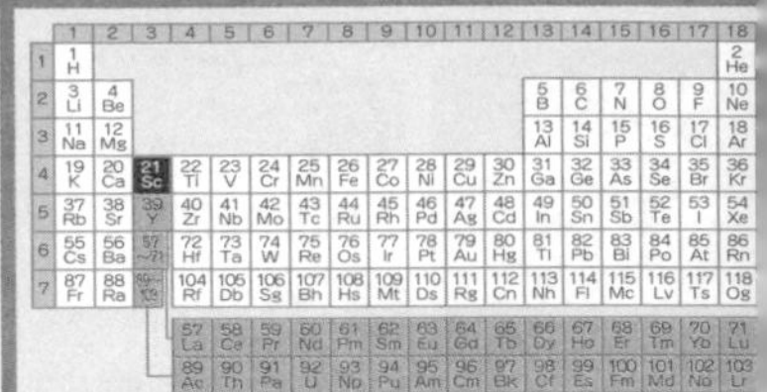

由於鈧的存量少價格又高，所以不太有人在進行用途開發。鈧主要的用途是照明燈。使用鈧的照明燈，很接近陽光，常使用於棒球場的夜間照明。

鈧燈的優點是可透過裝入不同的金屬組合來改變燈具的效率、壽命、光色等。但是近年來，從降低電力成本的觀點來說，目前的主流是更換成LED燈。

基本資料

【質子數】21　【價電子數】—
【原子量】44.955908
【熔　點】1541
【沸　點】2831
【密　度】2.989
【豐　度】[地球]16ppm
[宇宙]33.8
【存在場所】鈧釔石
（挪威、俄羅斯等地）
【價　格】12000日圓（1公克）★
【發現者】尼爾松（瑞典）
【發現年分】1879年

元素名稱的由來

拉丁文的「瑞典」（scandia）。

發現時的小故事

尼爾松（Lars Nilson）從名為鈧釔石的礦物中發現鈧，並為其命名。

鈦
Titanium

 5600ppm

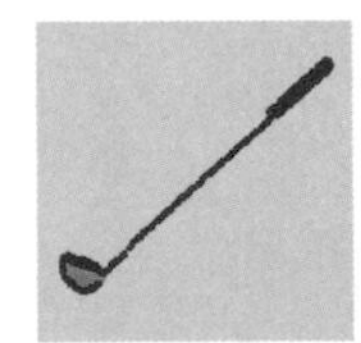

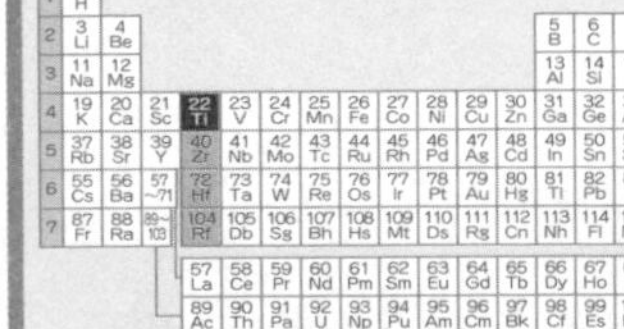

鈦有又堅固又輕，不易生鏽等優點。鈦的用途很廣，包括飾品、眼鏡框、高爾夫球桿等，跟鋁並列為現代社會重大功臣。

二氧化鈦化合物具有的特性只要照光（紫外光），就會有分解髒汙的「光觸媒」（photocatalyst）效果與產生不易撥水的「親水化」（hydrophilization）。只要使用於廁所的地板，就會分解髒汙，不易產生異味。

基本資料

【質子數】22　【價電子數】—
【原子量】47.867
【熔　點】1660　【沸　點】3287
【密　度】4.54
【豐　度】[地球]5600ppm
[宇宙]2400
【存在場所】金紅石、鈦鐵礦（印度等地）
【價　格】876日圓（1公斤）◆塊狀或粉末
【發現者】格勒戈爾（英國）
克拉普羅特（德國）
【發現年分】1791年

元素名稱的由來

希臘神話的巨人「泰坦」（Titan）。

發現時的小故事

格勒戈爾（William Gregor）是名牧師，他從收集來的河川砂石中發現黑色的物質，並將它命名為鈦。

金屬（固體）　金屬（液體）　非金屬（固體）　非金屬（液體）　非金屬（氣

釩
Vanadium

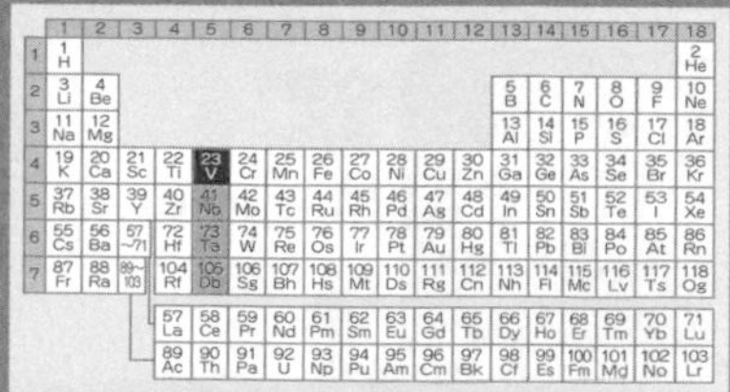

	1	2	3	4	5	6	7	8	9	10	11	12	13	14	15	16	17	18
1	1 H																	2 He
2	3 Li	4 Be											5 B	6 C	7 N	8 O	9 F	10 Ne
3	11 Na	12 Mg											13 Al	14 Si	15 P	16 S	17 Cl	18 Ar
4	19 K	20 Ca	21 Sc	22 Ti	23 V	24 Cr	25 Mn	26 Fe	27 Co	28 Ni	29 Cu	30 Zn	31 Ga	32 Ge	33 As	34 Se	35 Br	36 Kr
5	37 Rb	38 Sr	39 Y	40 Zr	41 Nb	42 Mo	43 Tc	44 Ru	45 Rh	46 Pd	47 Ag	48 Cd	49 In	50 Sn	51 Sb	52 Te	53 I	54 Xe
6	55 Cs	56 Ba	57~71	72 Hf	73 Ta	74 W	75 Re	76 Os	77 Ir	78 Pt	79 Au	80 Hg	81 Tl	82 Pb	83 Bi	84 Po	85 At	86 Rn
7	87 Fr	88 Ra	89~103	104 Rf	105 Db	106 Sg	107 Bh	108 Hs	109 Mt	110 Ds	111 Rg	112 Cn	113 Nh	114 Fl	115 Mc	116 Lv	117 Ts	118 Og

57 La	58 Ce	59 Pr	60 Nd	61 Pm	62 Sm	63 Eu	64 Gd	65 Tb	66 Dy	67 Ho	68 Er	69 Tm	70 Yb	71 Lu
89 Ac	90 Th	91 Pa	92 U	93 Np	94 Pu	95 Am	96 Cm	97 Bk	98 Cf	99 Es	100 Fm	101 Md	102 No	103 Lr

釩是很堅硬，且耐蝕跟耐熱性都很優秀的元素。單質常用在化學工廠的配管。而且，添加了釩的鋼鐵常會使用於高溫環境，例如核反應器（nuclear reactor）與渦輪引擎的渦輪機。

除此之外，釩也會用在鑽孔器與扳手等工具，可使用釩充電的電池（二次電池）具有減少環境負擔、發電效率佳等優點。

基本資料

【質子數】23　【價電子數】—
【原子量】50.9415
【熔　點】1887　【沸　點】3377
【密　度】6.11
【豐　度】[地球] 160ppm
　　　　　[宇宙] 295
【存在場所】鉀釩鈾礦、綠硫釩礦（中國等地）
【價　格】1370日圓（1公斤）◆塊狀或粉末
【發現者】德爾里奧（西班牙）
　　　　　塞弗斯特瑞姆（瑞典）
【發現年分】1801年，1830年

元素名稱的由來

斯堪地那維亞的愛與美之女神「Vanadis」。

發現時的小故事

德爾里奧（Andrés Del Río）最早發現，但被法國化學家指出錯誤而撤回論文。塞弗斯特瑞姆（Nils Sefström）是再發現者。

鉻
Chromium

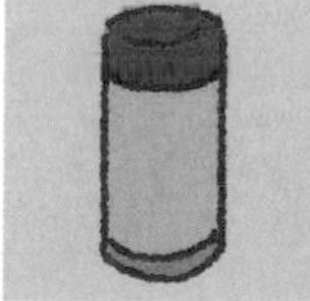

	1	2	3	4	5	6	7	8	9	10	11	12	13	14	15	16	17	18
1	1 H																	2 He
2	3 Li	4 Be											5 B	6 C	7 N	8 O	9 F	10 Ne
3	11 Na	12 Mg											13 Al	14 Si	15 P	16 S	17 Cl	18 Ar
4	19 K	20 Ca	21 Sc	22 Ti	23 V	24 Cr	25 Mn	26 Fe	27 Co	28 Ni	29 Cu	30 Zn	31 Ga	32 Ge	33 As	34 Se	35 Br	36 Kr
5	37 Rb	38 Sr	39 Y	40 Zr	41 Nb	42 Mo	43 Tc	44 Ru	45 Rh	46 Pd	47 Ag	48 Cd	49 In	50 Sn	51 Sb	52 Te	53 I	54 Xe
6	55 Cs	56 Ba	57~71	72 Hf	73 Ta	74 W	75 Re	76 Os	77 Ir	78 Pt	79 Au	80 Hg	81 Tl	82 Pb	83 Bi	84 Po	85 At	86 Rn
7	87 Fr	88 Ra	89~103	104 Rf	105 Db	106 Sg	107 Bh	108 Hs	109 Mt	110 Ds	111 Rg	112 Cn	113 Nh	114 Fl	115 Mc	116 Lv	117 Ts	118 Og

57 La	58 Ce	59 Pr	60 Nd	61 Pm	62 Sm	63 Eu	64 Gd	65 Tb	66 Dy	67 Ho	68 Er	69 Tm	70 Yb	71 Lu
89 Ac	90 Th	91 Pa	92 U	93 Np	94 Pu	95 Am	96 Cm	97 Bk	98 Cf	99 Es	100 Fm	101 Md	102 No	103 Lr

鉻會用於不鏽鋼瓶與廚房的不鏽鋼水槽，是很貼近我們生活的元素。這些不鏽鋼是由鉻與鐵的合金製成的。

鉻具有極佳的耐蝕性。只要做了鍍鉻塗層，就能抗摩擦及生鏽，所以常用於汽車的裝飾部分。

此外，花生等豆科植物及糙米都含有三價鉻。

基本資料

【質子數】24　【價電子數】—
【原子量】51.9961
【熔　點】1860　【沸　點】2671
【密　度】7.19
【豐　度】[地球] 100ppm
　　　　　[宇宙] 1.34×10^4
【存在場所】鉻鐵礦、鉻鉛礦（哈薩克、南非、印度等地）
【價　格】1114日圓（1公斤）◆塊狀或粉末
【發現者】沃克蘭（法國）
【發現年分】1797年

元素名稱的由來

希臘文的「顏色」（chroma）。

發現時的小故事

沃克蘭（Nicolas Vauquelin）從西伯利亞產的鉻鉛礦分離出鉻的氧化物，將氧化物還原後便發現鉻金屬。

地殼中的占比　人工合成元素

錳

Manganese

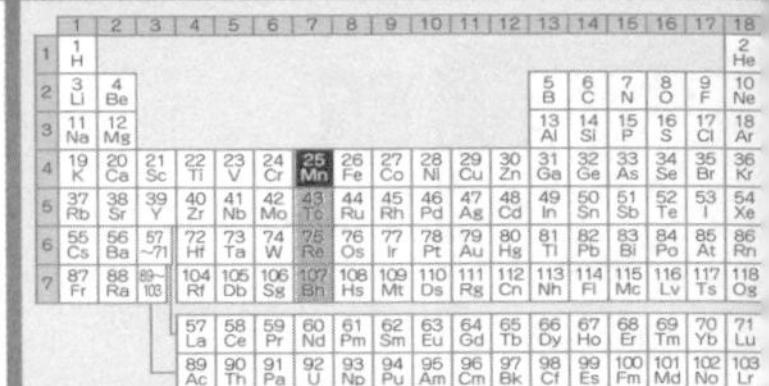

一說到錳，大家都很熟悉錳乾電池，不過現在大部分的人都用更大容量的鹼性電池。其實，鹼性電池的正式名稱為鹼性錳乾電池，所以鹼性電池裡也有使用到錳。說到最生活化的錳元素，現在還是會談到乾電池。

此外，錳的特點是非常脆。添加鐵的錳鋼可增強耐撞擊及耐磨。如此一來，加了錳便可提高鋼鐵品質以及鋁合金的硬度跟強度，用途很廣。

基本資料

【質子數】25
【價電子數】—
【原子量】54.938044
【熔　點】1244
【沸　點】1962
【密　度】7.44
【豐　度】[地球]950ppm
　　　　　[宇宙]9510
【存在場所】軟錳礦、黑錳礦、海底的錳核（南非等地）
【價　格】16日圓（1公斤）◆礦石
【發現者】甘恩（瑞典）
【發現年分】1774年

元素名稱的由來

拉丁文的「磁石」（magnes）。1808年，德國人克拉普羅特將鎂跟錳混淆，所以提出命名為「錳」的建議。

發現時的小故事

舍勒從軟錳礦中發現的新元素，他的朋友甘恩（Johan Gahn），便拿去且成功分離出金屬單質。

金屬（固體）　金屬（液體）　非金屬（固體）　非金屬（液體）　非金屬（氣

鐵

Iron

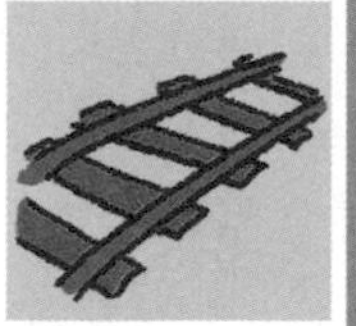

鐵是打造人們生活的核心金屬元素。鐵容易塑形，堅硬且耐用，用途很廣泛，譬如汽車的車體與火車的鐵軌、鋼瓶等。

此外，我們的體內也含有鐵。鐵原子位於血液中紅血球所含的血紅素中，會來到氧較多的地方（例如肺）跟氧結合。反之，只要來到氧較少的地方，就會卸下運送中的氧。利用這項性質，鐵會擔任「物流業者」將從肺獲取的氧運送到身體各部位去。

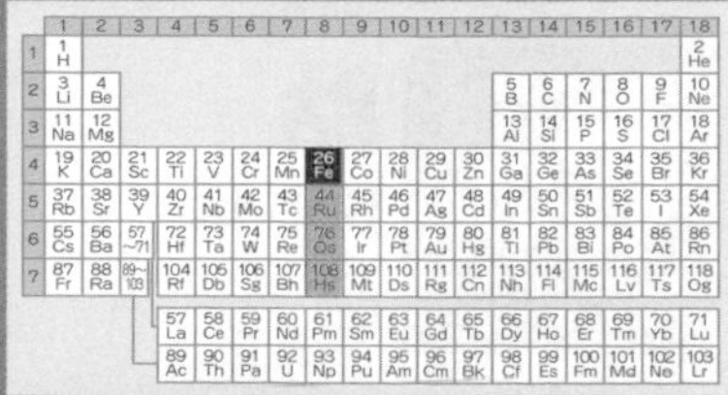

基本資料

【質子數】26
【價電子數】—
【原子量】55.845
【熔　點】1535
【沸　點】2750
【密　度】7.874
【豐　度】[地球] 4萬1000ppm
[宇宙] 9.00×10^5
【存在場所】赤鐵礦、磁鐵礦
（中國、烏克蘭、俄羅斯等地）
【價　格】3萬5500日圓（1公噸）♣
回收廢鐵
【發現者】—
【發現年分】—

元素名稱的由來

凱爾特系古文「神聖的金屬」之意。

發現時的小故事

據說西元前5000年左右就已在使用。

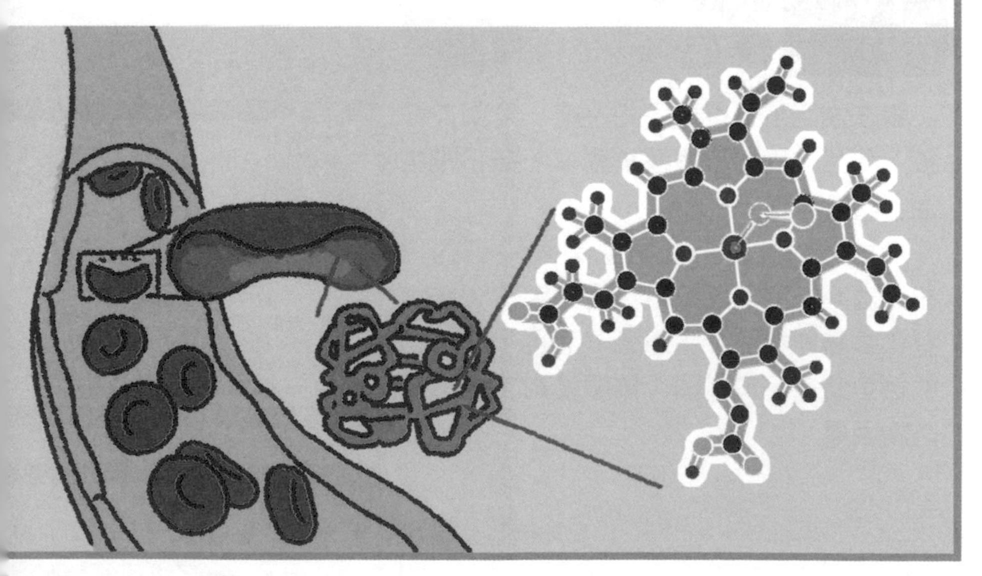

鈷
Cobalt

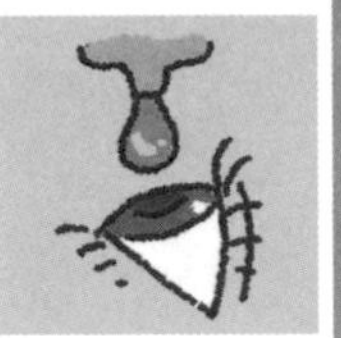

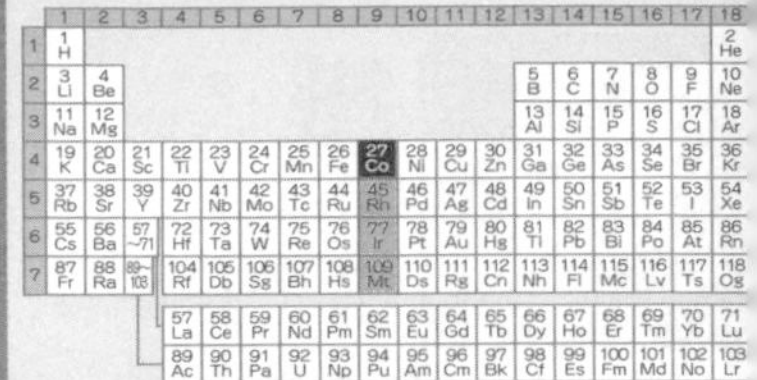

鈷做成合金堅固又耐用。其中，由鈷、鎳、鉻、鉬製成的合金，在高溫下強度仍高，常用於飛機跟渦輪機。

鈷是生命不可或缺的元素，它是構成維生素B_{12}的核心元素，也用在抑制充血的眼藥水中。此外，自古就用作陶器跟玻璃的藍色色素。

基本資料

【質子數】27　【價電子數】—
【原子量】58.933194
【熔　點】1495　【沸　點】2870
【密　度】8.90
【豐　度】[地球]20ppm　[宇宙]2250
【存在場所】砷鈷礦、輝鈷礦（剛果、古巴等地）
【價　格】3.0日圓（1公克）◆塊狀或粉末
【發現者】布朗特（瑞典）
【發現年分】1735年

元素名稱的由來

德國民謠中提到的「山精」（kobold）。或是希臘文的「礦山」（kobalos）。

發現時的小故事

1735年，布朗特（Georg Brandt）首次成功分離出鈷。1780年，經白格曼（Torbern Bergman）確認為新元素。

鎳
Nickel

鎳在常溫下是很穩定的金屬，常用於電鍍。而且，鎳的合金種類眾多，在日常生活上隨處可見。

例如，100日圓硬幣就是鎳與銅的合金。含有鎳的形狀記憶合金可用於人造衛星等太陽能板的彈簧部分。而且，鎳與鐵的合金還會用於MRI（磁振造影）的磁性防護面罩。

基本資料

【質子數】28　【價電子數】—
【原子量】58.6934
【熔　點】1453　【沸　點】2732
【密　度】8.902
【豐　度】[地球]80ppm　[宇宙]4.93×10^4
【存在場所】紅土、硫化礦物等（加拿大、新喀里多尼亞等地）
【價　格】1120日圓（1公斤）◆鎳塊
【發現者】克隆斯戴（瑞典）
【發現年分】1751年

元素名稱的由來

德文「銅的惡魔」（kupfernickel）。

發現時的小故事

1751年，由克隆斯戴（Axel Cronstedt）成功分離出來。

金屬（固體）　金屬（液體）　非金屬（固體）　非金屬（液體）　非金屬（氣

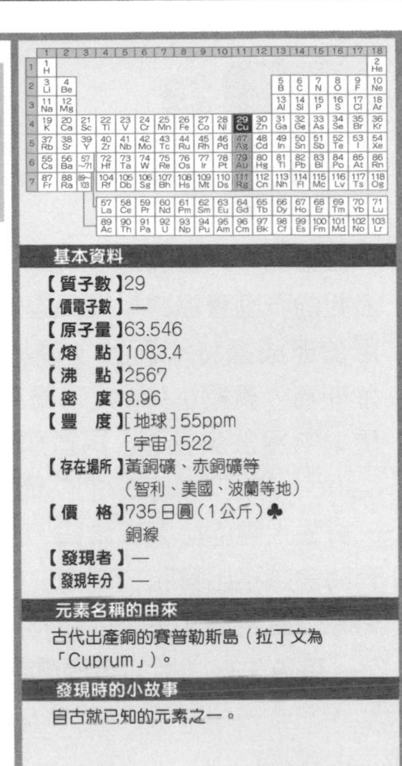

基本資料

【質子數】29
【價電子數】—
【原子量】63.546
【熔　點】1083.4
【沸　點】2567
【密　度】8.96
【豐　度】[地球]55ppm
[宇宙]522
【存在場所】黃銅礦、赤銅礦等
(智利、美國、波蘭等地)
【價　格】735日圓(1公斤)♣
銅線
【發現者】—
【發現年分】—

元素名稱的由來

古代出產銅的賽普勒斯島(拉丁文為「Cuprum」)。

發現時的小故事

自古就已知的元素之一。

銅是人類最早應用於生活的元素之一。在伊拉克北部發現了西元前8800年左右，由天然銅製成的小珠飾。

銅的特點是延展至很薄也不容易破裂，延展性特佳。而且，熱跟電的傳導率很高，在金屬中排行第2，僅次於銀，所以常用於調理鍋與電線。

說到最貼近生活的銅，就是10日圓硬幣了吧。10日圓硬幣的成分有95%為銅，3～4%為鋅，1～2%為錫。而且，除了1日圓硬幣之外，所有的硬幣都含有銅。

鋅
Zinc

生活上有大量的鋅製品。例如，鐵皮波浪板的表面會鍍鋅以提高耐蝕性，廣泛使用於建築資材。而且，添加了鋅的銅合金稱為「黃銅」，材質堅硬且容易加工，所以常用於樂器。「銅管樂隊」（brass band）的銅管樂器指的就是「黃銅」。

鋅是人體的必須礦物質，攝取不足時，有時會嘗不出食物的味道。鋅會將體內的有害物質轉為無害，或將有害金屬排出體外，肩負生存必須的多項重要功能。

	1	2	3	4	5	6	7	8	9	10	11	12	13	14	15	16	17	18
1	1 H																	2 He
2	3 Li	4 Be											5 B	6 C	7 N	8 O	9 F	10 Ne
3	11 Na	12 Mg											13 Al	14 Si	15 P	16 S	17 Cl	18 Ar
4	19 K	20 Ca	21 Sc	22 Ti	23 V	24 Cr	25 Mn	26 Fe	27 Co	28 Ni	29 Cu	30 Zn	31 Ga	32 Ge	33 As	34 Se	35 Br	36 Kr
5	37 Rb	38 Sr	39 Y	40 Zr	41 Nb	42 Mo	43 Tc	44 Ru	45 Rh	46 Pd	47 Ag	48 Cd	49 In	50 Sn	51 Sb	52 Te	53 I	54 Xe
6	55 Cs	56 Ba	57~71	72 Hf	73 Ta	74 W	75 Re	76 Os	77 Ir	78 Pt	79 Au	80 Hg	81 Tl	82 Pb	83 Bi	84 Po	85 At	86 Rn
7	87 Fr	88 Ra	89~103	104 Rf	105 Db	106 Sg	107 Bh	108 Hs	109 Mt	110 Ds	111 Rg	112 Cn	113 Nh	114 Fl	115 Mc	116 Lv	117 Ts	118 Og
				57 La	58 Ce	59 Pr	60 Nd	61 Pm	62 Sm	63 Eu	64 Gd	65 Tb	66 Dy	67 Ho	68 Er	69 Tm	70 Yb	71 Lu
				89 Ac	90 Th	91 Pa	92 U	93 Np	94 Pu	95 Am	96 Cm	97 Bk	98 Cf	99 Es	100 Fm	101 Md	102 No	103 Lr

基本資料

【質子數】30
【價電子數】—
【原子量】65.38
【熔　點】419.53
【沸　點】907
【密　度】7.134
【豐　度】[地球]75ppm
[宇宙]1260
【存在場所】閃鋅礦等
（澳洲等地）
【價　格】210日圓（1公斤）♣
新切鋅
【發現者】馬柯葛拉夫（德國）
【發現年分】1746年

元素名稱的由來

波斯文的「石頭」（sing），德文的「叉子的尖端」（Zink）。

發現時的小故事

據說開始製造金屬單質是在13世紀左右的印度。1746年，馬柯葛拉夫（Andreas Marggraf）從菱鋅礦提煉出金屬鋅，其方法有留下書面紀錄。

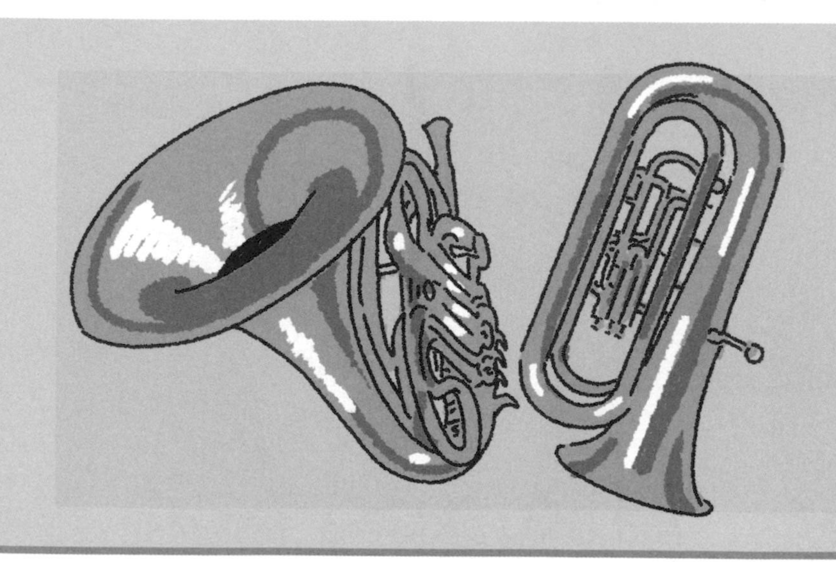

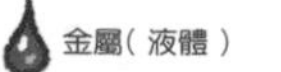

非金屬（固體）

鎵

Gallium

18ppm

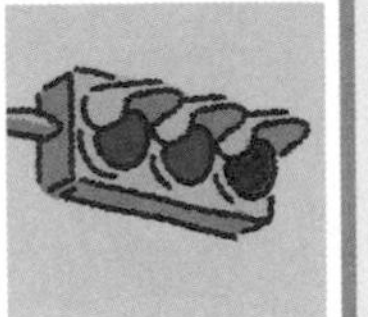

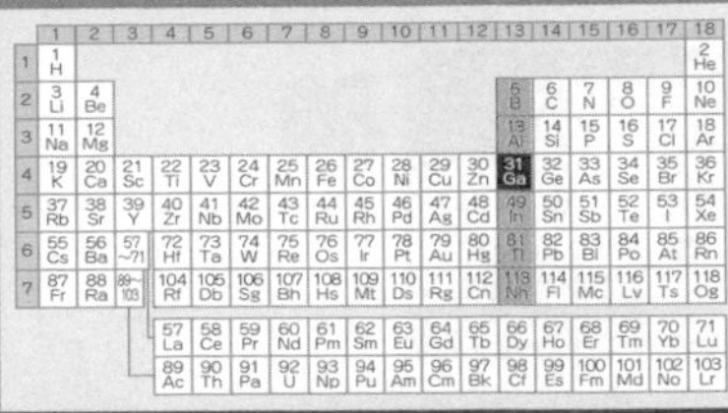

鎵在較低溫度下會呈現液態，這樣的金屬很罕見。它沸點很高，所以在大範圍溫度下都呈液態。

鎵最廣為人知的用途是發光二極體（LED）。發光二極體有 3 種顏色，黃綠色跟紅色的材料是磷化鎵（GaP），藍色是氮化鎵（GaN）。而且，使用鎵的半導體不像矽般發熱，從電腦到手機等多項產品都會使用鎵的半導體。

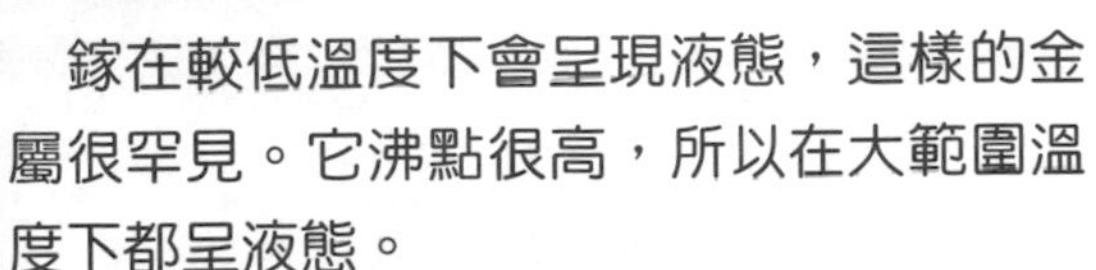

基本資料

【質子數】31　【價電子數】3
【原子量】69.723
【熔　點】27.78　【沸　點】2403
【密　度】5.907
【豐　度】[地球] 18ppm
　　　　　[宇宙] 37.8
【存在場所】鋁土礦（幾內亞等地）
　　　　　硫鎵銅礦（納米比亞等地）
【價　格】2600日圓（1公克）■
【發現者】德布瓦博德蘭（法國）
【發現年分】1875年

元素名稱的由來

發現者祖國的拉丁文名「Gallia」。

發現時的小故事

德布瓦博德蘭（Leçoq de Boisbaudran）發現鋅的發射光譜中有 2 條未知的線。之後從閃鋅礦分離出鎵的單質。

鍺

Germanium

1.8ppm

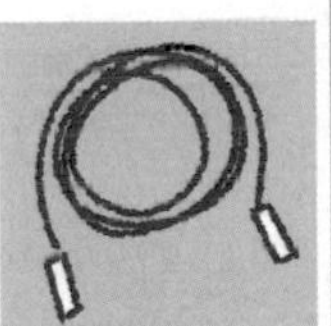

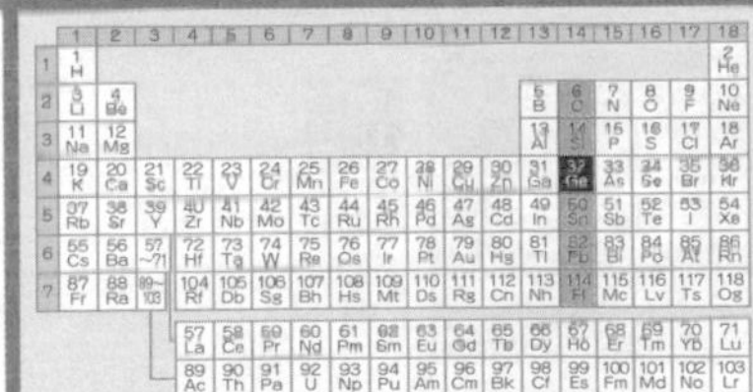

鍺大面積分布在淺層地殼。由於它跟矽（silicon）一樣同為半導體，所以有時會用在電子零件。而且，它會用於光纖，是網路社會不可或缺的元素。

近年來，在美容與健康領域上，鍺已受到大眾關注。不過，鍺對人體的效果尚不明確。

基本資料

【質子數】32　【價電子數】4
【原子量】72.630
【熔　點】937.4　【沸　點】2830
【密　度】5.323
【豐　度】[地球] 1.8ppm
　　　　　[宇宙] 119
【存在場所】鈣鉛碳矽石（法國）
　　　　　水鍺鐵石（納米比亞）
【價　格】103日圓（1公克）◆
　　　　　塊狀或粉末
【發現者】溫克勒（德國）
【發現年分】1886年

元素名稱的由來

發現者祖國的古名「Germania」。

發現時的小故事

溫克勒（Clemens Winkler）在進行硫銀鍺礦的化學分析時發現的。

砷
Arsenic

1.5ppm

大家都知道砷的化合物自古就用作暗殺的毒藥。但是最近，一種名為三氧化二砷的砷化合物會用於急性前骨髓性白血病的治療。

砷與鎵的化合物名為砷化鎵，是一種用於手機電路的半導體。而且，CD播放器與DVD播放器在讀寫光碟用的紅光，也常用砷化鎵。

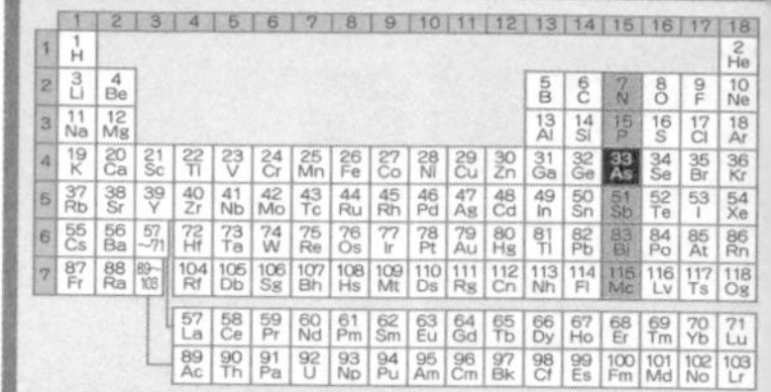

基本資料

【質子數】33　　【價電子數】5
【原子量】74.921595
【熔　點】817（灰色、28大氣壓）
【沸　點】616（灰色、昇華）
【密　度】5.78（灰色）
【豐　度】[地球]1.5ppm
　　　　　[宇宙]6.56
【存在場所】雌黃（祕魯等地），
　　　　　雄黃（祕魯等地）
【價　格】—
【發現者】瑪葛努斯（德國）
【發現年分】13世紀

元素名稱的由來

希臘文的「黃色色素」(arsenikon)。

發現時的小故事

瑪葛努斯（Albertus Magnus）將砷化合物混合油加熱，得到了單質。

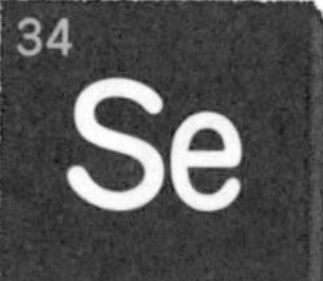

硒
Selenium

0.05ppm

硒是反應活性高的元素，幾乎可以跟所有的元素結合。對人體而言是必須礦物質，效用廣泛，例如預防文明病。只不過，攝取過多會中毒。

使用硒的非晶質硒（amorphous selenium）膜會用於夜間攝影用相機的攝像管。而且，硒化合物具有「光傳導性」的性質，即只要照光就會通電，現應用於影印機上。

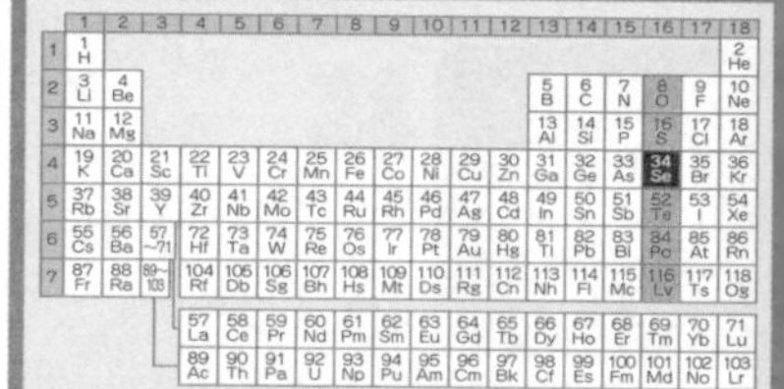

基本資料

【質子數】34
【價電子數】6
【原子量】78.971
【熔　點】217（金屬）
【沸　點】684.9（金屬，結晶）
【密　度】4.79（金屬）
【豐　度】[地球]0.05ppm
　　　　　[宇宙]62.1
【存在場所】隨著硫化物一起產出
【價　格】113日圓（1公克）■粒狀
【發現者】貝吉里斯、甘恩（皆為瑞典）
【發現年分】1817年

元素名稱的由來

希臘文的「月之女神」(selene)。

發現時的小故事

貝吉里斯與甘恩從跟碲很類似的元素中發現的。

金屬（固體）

金屬（液體）

非金屬（固體）

非金屬（液體）　非金屬（氣體）

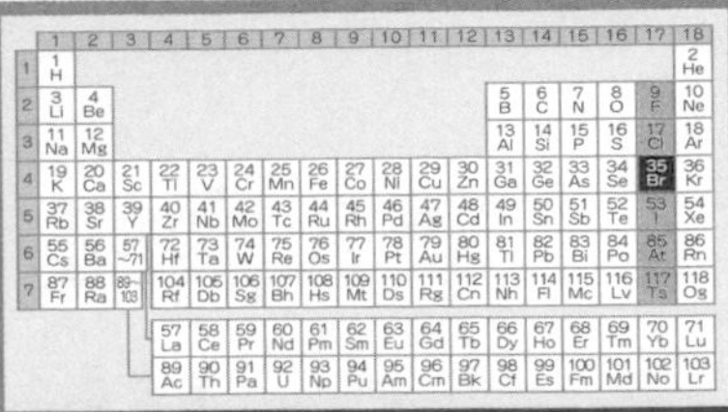

自然界不存在溴的單質，它會存在於礦床中與海水中的溴化物。常溫常壓下為液體，氣味不佳。

用途方面，溴化銀化合物會用於相機底片的感光材料。溴化銀只要照光就會分解產生銀，這就是照片的圖像。除此之外，來自貝類的「泰里安紫」（tyrian purple）是含溴的鮮艷紫色染料，據說羅馬時代就已經在使用了。

基本資料

【質子數】35　【價電子數】7
【原子量】79.901 ～ 79.907
【熔　點】-7.2
【沸　點】58.78
【密　度】3.1226
【豐　度】[地球] 0.37ppm
[宇宙] 11.8
【存在場所】溴銀礦（美國等地）
【價　格】400日圓（1公克）★
【發現者】巴拉德（法國）
【發現年分】1825年

元素名稱的由來

希臘文的「惡臭」（bromos）。

發現時的小故事

巴拉德（Antoine Balard）將鹽分較高的湖水蒸乾，在研究殘餘的物質發現了溴。巴拉德甚至還在海藻的灰燼中發現溴。

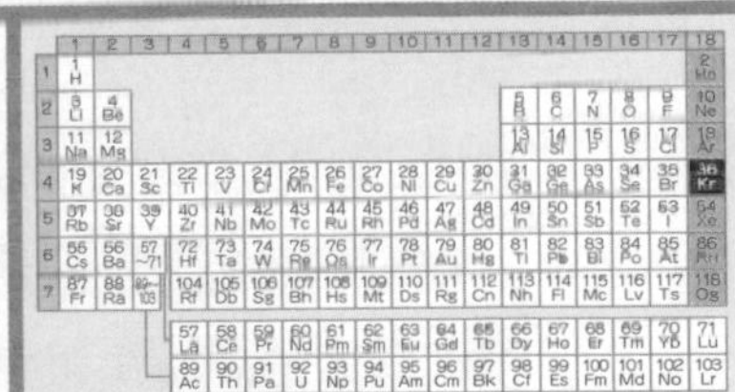

氪屬於惰性氣體的非金屬元素，是不活潑的氣體。它不會跟其他元素結合產生化合物，單獨存在就很穩定。

裝入氪氣的白熾燈泡稱為氪燈泡。因為氪氣不易傳導熱，所以燈泡的燈絲更耐用，體積也比一般的白熾燈泡小又亮。除此之外，還應用在相機的閃光燈。

基本資料

【質子數】36　【價電子數】0
【原子量】83.798
【熔　點】-156.66【沸　點】-152.3
【密　度】0.0037493
【豐　度】[地球] 0.00001ppm
[宇宙] 45
【存在場所】微量存在於空氣中
【價　格】—
【發現者】拉姆齊（英國）
特拉弗斯（英國）
【發現年分】1898年

元素名稱的由來

希臘文的「被藏起來的東西」（kryptos）。

發現時的小故事

拉姆齊（William Ramsay）與特拉弗斯（Morris Travers）利用沸點的差異從液態空氣中分離而得。

氟元素的「氟」是什麼意思？

日文中有些元素名會出現片假名或漢字。例如「氟」為何這些元素會取這個名字呢？

其實氟原本寫作漢字的「弗素」，似乎是明治時代的物理學家市川盛三郎（1852～1882）命名的。習慣用「弗」這個字據說是由江戶時代研修荷蘭文化的宇田川榕菴（1798～1846）將拉丁文的元素名「fluorine」譯作「弗律阿里涅」開始的。**也就是說，「氟」是指弗律阿里涅的「弗」（有多種說法）。**

在1946年，「弗」從常用字（日常生活用的漢字）刪除後，弗素就寫回片假名了。「氟」這個元素的日文名誕生的背景很複雜。其他像「硼」、「矽」、「砷」、「碘」這些用片假名寫的元素名也發生過類似的事。

弗律阿里涅

銣

Rubidium

90ppm

銣的同位素^{87}Rb是放射性元素，會經由核衰變（nuclear decay）變成鍶。利用這個現象的方法稱為「銣鍶定年」（rubidium-strontium dating），它用於測定數十億年前的年代。推算太陽系於46億年前形成也是利用這個方法。

除此之外，銣還會用在誤差極少的銣原子鐘，以及GPS的銣振盪器。

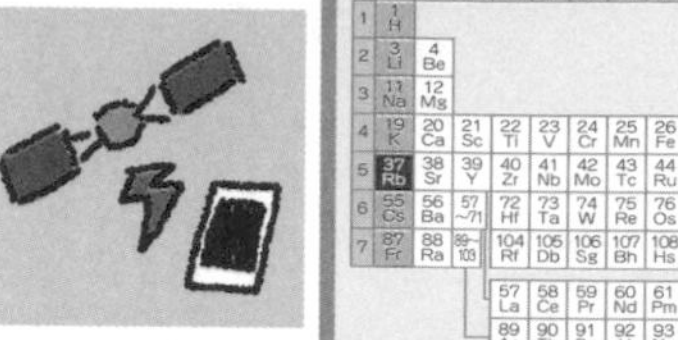

基本資料

【質子數】37　【價電子數】1
【原子量】85.4678
【熔　點】39.31　【沸　點】688
【密　度】1.532
【豐　度】[地球]90ppm
　[宇宙]7.09
【存在場所】紅雲母（鋰雲母）中含有3.15%
【價　格】3萬200日圓（1公克）★
【發現者】本生（Robert Bunsen）、克希何夫（Gustav Kirchhoff）（皆德國）
【發現年分】1861年

元素名稱的由來

拉丁文的「深紅色」（rubidus）。

發現時的小故事

從含有鋰的紅雲母（鋰雲母）的光譜分析中發現的。

鍶

Strontium

370ppm

鍶是銀白色的柔軟金屬元素，遇水會產生劇烈的反應。氯化鍶燃燒時會出現紅色的火焰，所以用於煙火及警示燈。

除此之外，鍶的碳酸鹽用於布勞恩管（Braun tube）及顯示器所用的玻璃原料中。

福島第一核電廠事故後，大家所知的放射性物質是鍶的同位素，跟用於工業的鍶是不一樣的。

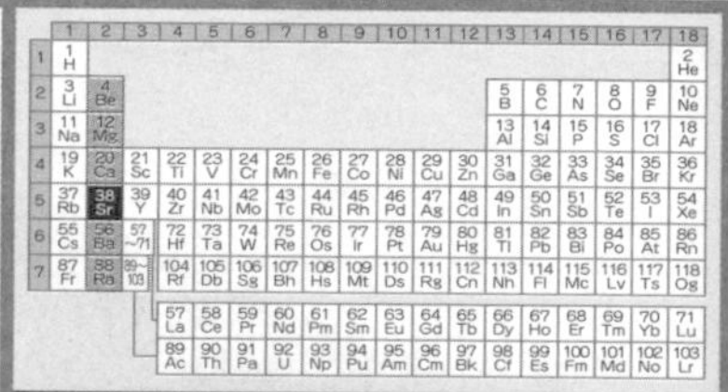

基本資料

【質子數】38　【價電子數】2
【原子量】87.62
【熔　點】769　【沸　點】1384
【密　度】2.54
【豐　度】[地球]370ppm
　[宇宙]23.5
【存在場所】天青石、菱鍶礦（墨西哥等地）
【價　格】83.5日圓（1公斤）◆
　碳酸鍶
【發現者】荷普（Thomas Hope）、克勞福（Adair Crawford）（皆英國）
【發現年分】1787年

元素名稱的由來

菱鍶礦。

發現時的小故事

分析從蘇格蘭的礦山中發現的礦物而發現。

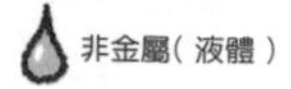

釔
Yttrium

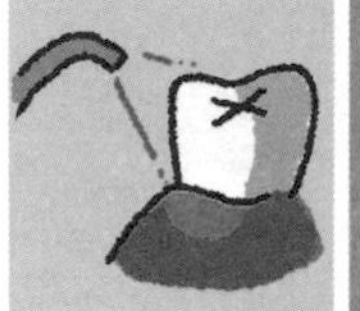

釔是銀白色的金屬，特點是在空氣中容易氧化。釔跟鋁的氧化物用於蛀牙跟肌膚斑點的雷射治療。而且，釔也是製造白色發光二極體的材料。

除此之外，用釔作的三波長日光燈看起來會比布勞恩管的紅色螢光材料更接近自然色；另外光學鏡片、陶瓷、合金等也會用到釔。

基本資料

【質子數】39　【價電子數】—
【原子量】88.90584
【熔　點】1522　【沸　點】3338
【密　度】4.47
【豐　度】[地球]30ppm　[宇宙]4.64
【存在場所】獨居石、氟碳鈰鑭礦（加拿大等地）
【價　格】770日圓（1公斤）◆氧化釔
【發現者】加多林（Johan Gadolin）（芬蘭）、莫桑德（Carl Gustaf Mosander）（瑞典）
【發現年分】1794年，1843年

元素名稱的由來

瑞典的村莊「伊特比」。

發現時的小故事

加多林發現的是釔的氧化物，莫桑德再從中發現釔。

鋯
Zirconium

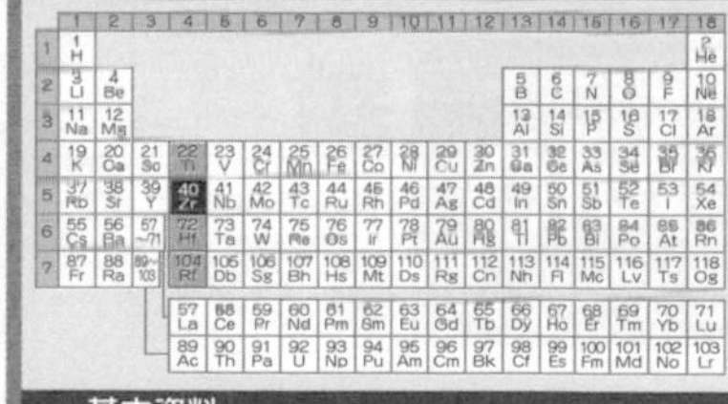

由於鋯的耐熱性與耐蝕性非常優秀，所以用途廣泛。含鋯的超強度陶瓷非常堅硬，另外也會用於菜刀與剪刀。

鋯的性質是遇水很容易反應成氧化鋯。福島第一核能發電廠的氫爆炸時，原本包覆著燃料棒的鋯遇水蒸氣而反應成氧化鋯，目前認為這是由於大規模氫爆炸所產生的現象。

基本資料

【質子數】40　【價電子數】—
【原子量】91.224
【熔　點】1852
【沸　點】4377　【密　度】6.506
【豐　度】[地球]190ppm　[宇宙]11.4
【存在場所】鋯石、斜鋯石（美國等地）
【價　格】5874日圓（1公斤）◆塊狀或粉末
【發現者】克拉普羅特（德國）
【發現年分】1789年

元素名稱的由來

阿拉伯文的「寶石的金色」（zargun）。

發現時的小故事

1789年，克拉普羅特從斯里蘭卡獲得的礦物中發現了新的氧化物。

鈮

Niobium

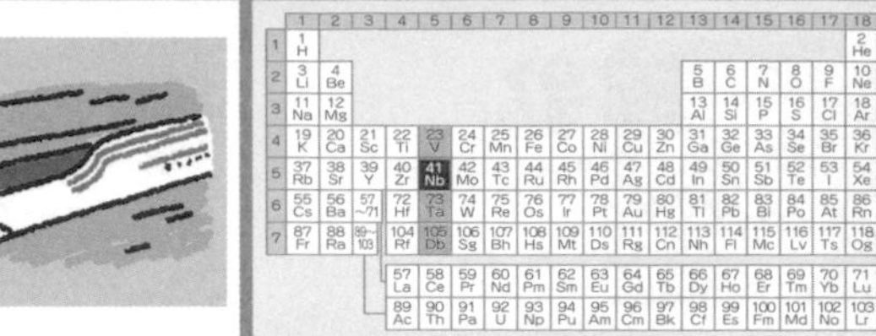

鈮加入金屬後會提高耐熱性及強度，所以經常當添加劑使用。

其中鈮鈦合金最大的特點是在極低溫下會變成超導體（superconductor），且容易加工。因此，會用於磁浮列車的線性馬達與MRI（磁振造影）的電磁石。雖然也有一些原料會在比鈮鈦合金高溫一點的狀態下形成超導體，但都是很脆弱的陶瓷，且有不易加工的問題。

基本資料

【質子數】41　【價電子數】—
【原子量】92.90637
【熔　點】2468　【沸　點】4742
【密　度】8.57
【豐　度】[地球]20ppm　[宇宙]0.698
【存在場所】鈮鐵礦（巴西、加拿大等地）
【價　格】1萬3310日圓（1公斤）◆塊狀或粉末
【發現者】哈契特（英國）
【發現年分】1801年

元素名稱的由來

希臘神話之王坦達羅斯（Tantalus）的女兒尼俄伯（Niobe）。

發現時的小故事

哈契特（Charles Hatchett）從黑色礦物中確認新元素，命名為鈳columbium。後來到了1949年，改名為鈮。

鉬

Molybdenum

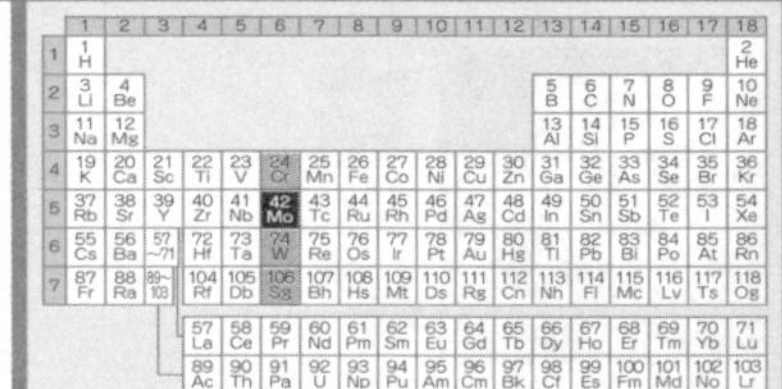

鉬幾乎都用在添加於不鏽鋼。它會提高強度與耐蝕性，除了使用於飛機跟火箭的引擎的機械材料之外，也用於菜刀之類的刀具和工具等。

跟豆科植物的根共生的根瘤菌具有將氮轉變成氨的酵素，這種酵素需要靠鉬作用。鉬是人與植物的必須元素。

基本資料

【質子數】42　【價電子數】—
【原子量】95.95
【熔　點】2617　【沸　點】4612
【密　度】10.22
【豐　度】[地球]1.5ppm　[宇宙]2.55
【存在場所】輝鉬礦（美國、智利等地）
【價　格】2750日圓（1公斤）◆塊狀或粉末
【發現者】舍勒（瑞典）、耶爾姆（Peter Hjelm）（瑞典）（單質）
【發現年分】1778年

元素名稱的由來

希臘文的「鉛」（molybdos）。

發現時的小故事

舍勒從輝鉬礦分離出氧化鉬。

金屬（固體）　金屬（液體）　非金屬（固體）　非金屬（液體）　非金屬（氣體）

鎝

Technetium

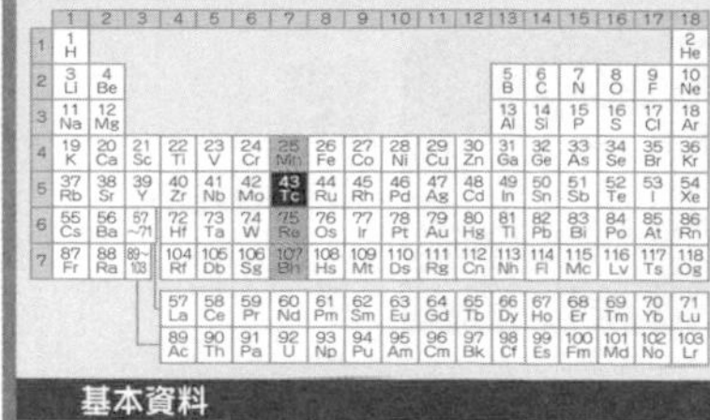

鎝不會穩定地存在於自然界，它是第一個人工合成的元素。鎝全都是放射性同位素，會用於研究癌細胞從骨頭轉移的放射性診斷用藥。

1906年有位名為小川正孝的日本人發表他發現這個43號元素，命名為「Nipponium」。但他發現的其實不是第43號元素，而是當時未發現的第75號元素，所以不被認可。

基本資料

【質子數】43　【價電子數】—
【原子量】(97)
【熔　點】2172　【沸　點】4877
【密　度】11.5(計算值)
【豐　度】[地球] —
[宇宙] —
【存在場所】不存在於自然界
【價　格】—
【發現者】培里耶(Carlo Perrier)
賽格瑞(Emilio Segrè)
(皆義大利)
【發現年分】1936年

元素名稱的由來

希臘文的「人工」(tekhnetos)。

發現時的小故事

鎝是以迴旋加速器的氘核撞擊鉬所得到的放射性元素。是首次的人工合成元素。

釕

Ruthenium

0.001ppm

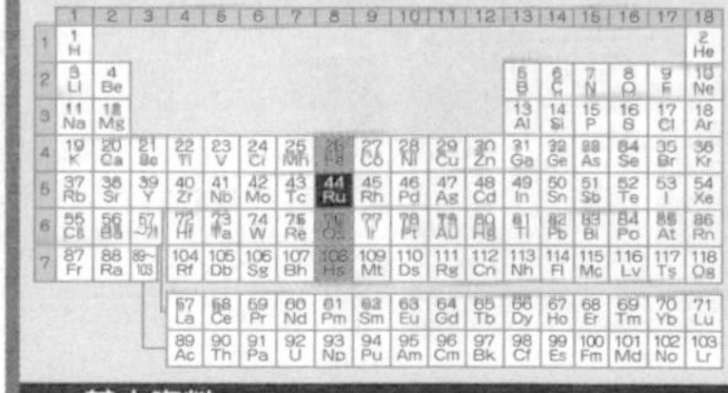

釕的其中一種用途是電腦的硬碟。釕的薄膜塗層於硬碟表面，就可增加儲存容量。除此之外，鍍釕也用於裝飾品。

此外，2001年日本的野依良治博士與人共同獲頒諾貝爾獎，研究題目是「手性觸媒之不對稱氫化反應」，其中即使用了釕的化合物當作觸媒。

基本資料

【質子數】44　【價電子數】—
【原子量】101.07
【熔　點】2310　【沸　點】3900
【密　度】12.37
【豐　度】[地球] 0.001ppm
[宇宙] 1.86
【存在場所】硫化礦(加拿大等地)
【價　格】3740日圓(1公克)■粉末
【發現者】奧散(德國)
【發現年分】1828年

元素名稱的由來

奧散所分析的礦物之產地拉丁文名「俄羅斯」(Ruthenia)。

發現時的小故事

奧散(Friedrich Osann)從鉑礦石中發現釕。1845年由克勞司(Karl Claus)分離出元素。

地殼中的占比　人工合成元素

銠

Rhodium

銠的特點是堅硬、耐蝕、耐磨方面很優秀，且具美麗的光澤。因此，金屬與玻璃用鍍銠來作裝飾。例如，銀的飾品表面施以鍍銠加工，就會防止銀特殊的變色與沾染髒汙。

工業用的銠是在精煉鉑或銅時得到的副產物。因為銠會分解廢氣中的氮氧化物，所以也用於汽車的引擎。

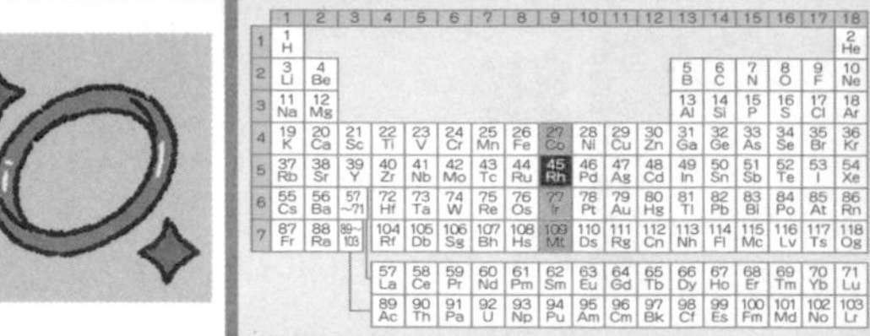

基本資料

【質子數】45　【價電子數】—
【原子量】102.90550
【熔　點】1966
【沸　點】3695
【密　度】12.41
【豐　度】[地球] 0.0002ppm
　　　　[宇宙] 0.344
【存在場所】硫化礦(加拿大等地)
【價　格】2196日圓(1公克)◆粉末
【發現者】沃拉斯頓(英國)
【發現年分】1803年

元素名稱的由來

希臘文的「玫瑰」(rhodon)。

發現時的小故事

沃拉斯頓(William Wollaston)將鉑礦石溶於王水(濃鹽酸與濃硝酸的混合液)，並同時發現了鈀。

鈀

Palladium

鈀的合金有良好吸收氣體的功能。特別是氫，鈀合金可以吸收其體積900倍以上的氫。因此，鈀除了用於氫的精製之外，也預期可應用在未來的氫社會，如氫燃料電池。

除此之外，跟銠一樣，鈀也會用在分解汽車廢氣中的氮氧化物。而且，治療蛀牙的銀齒即是金銀鈀合金。

基本資料

【質子數】46
【價電子數】—
【原子量】106.42
【熔　點】1552
【沸　點】3140
【密　度】12.02
【豐　度】[地球] 0.0006ppm
　　　　[宇宙] 1.39
【存在場所】硫化礦(加拿大等地)
【價　格】2196日圓(1公克)◆鈀條塊
【發現者】沃拉斯頓(英國)
【發現年分】1803年

元素名稱的由來

小行星智神星(Pallas)。

發現時的小故事

沃拉斯頓將鉑礦石溶於王水(濃鹽酸與濃硝酸的混合液)，並同時發現了銠。

金屬(固體)

銀
Silver

銀是自古以來的貨幣跟寶石，並用於餐具。若使用銀器，馬上就可知道食物是否有摻入砷。因為銀只要跟硫反應，就會產生黑色的硫化銀。中世紀使用砷當作毒藥，純度很低，含有硫化物。

由於銀是對光的反射率最高的金屬，所以會用於鏡子的反射面。近年銀離子的殺菌性、抗菌性受到矚目。只要使用含有銀離子的水來洗衣服，銀離子就會包覆纖維，有抑制細菌繁殖的效果。

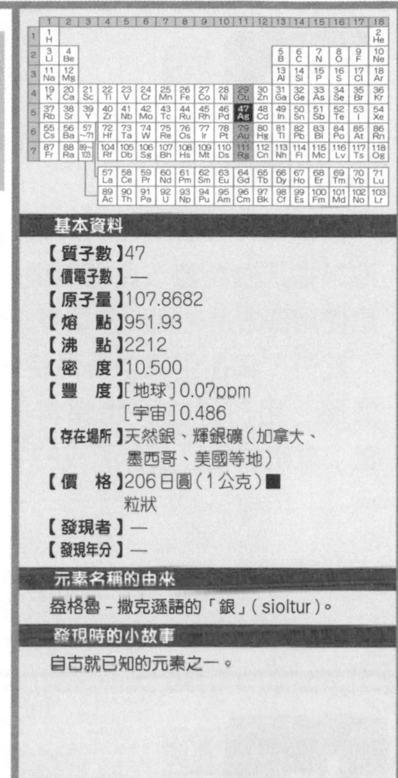

基本資料

【質子數】47
【價電子數】—
【原子量】107.8682
【熔　點】951.93
【沸　點】2212
【密　度】10.500
【豐　度】[地球] 0.07ppm
[宇宙] 0.486
【存在場所】天然銀、輝銀礦（加拿大、墨西哥、美國等地）
【價　格】206日圓（1公克）■粒狀
【發現者】—
【發現年分】—

元素名稱的由來

益格魯－撒克遜語的「銀」（sioltur）。

發現時的小故事

自古就已知的元素之一。

0.11ppm

鎘最代表性的用途是鎳鎘電池。鎳鎘電池是指正極為鎳，負極為鎘的電池。特點是使用壽命長，可充放電數千次。

此外，鎘在空氣中很穩定，所以會用於鍍層。用於鮮艷黃色顏料與油漆的「鎘黃」就是硫化鎘製作而成的。

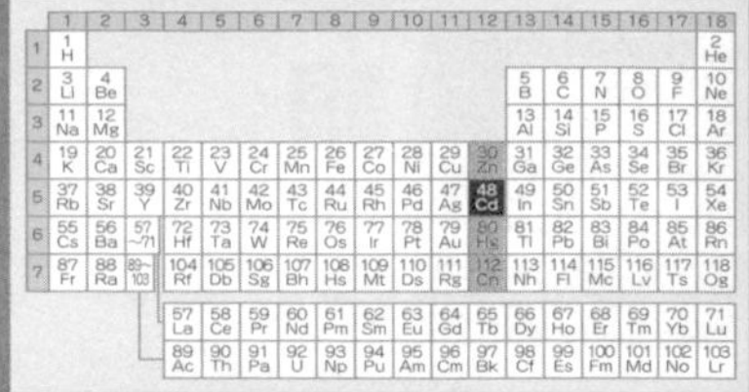

基本資料

【質子數】48　【價電子數】—
【原子量】112.414
【熔　點】321.0
【沸　點】765
【密　度】8.65
【豐　度】[地球]0.11ppm
[宇宙]1.61
【存在場所】硫鎘礦、鋅礦石（中國、澳洲等地）
【價　格】400日圓（1公克）◆小塊
【發現者】施特羅邁爾（Friedrich Strohmeyer）（德國）
【發現年分】1817年

元素名稱的由來

拉丁文的「cadmia」（混合鐵的氧化鋅）。

發現時的小故事

因將碳酸鋅燃燒至黃色而發現新元素。

銦
Indium

0.049ppm

銦是柔軟的銀白色金屬。在空氣中會被一層氧化膜的被膜包覆住，性質穩定。主要用於多種元素組成的「化合物半導體」（compound semiconductor）。

銦的化合物氧化銦錫會導電且顏色透明。因此，會用於智慧型手機與平板觸控螢幕的透明電極，是不可欠缺的材料

基本資料

【質子數】49　【價電子數】3
【原子量】114.818【熔　點】156.6
【沸　點】2080　【密　度】7.31
【豐　度】[地球]0.049ppm
[宇宙]0.184
【存在場所】硫銦銅礦、硫鐵銦礦（加拿大、中國等地）
【價　格】2萬4200日圓（1公斤）◆塊狀或粉末
【發現者】萊希（Ferdinand Reich）、瑞希特（Hieronymus Richter）（皆德國）
【發現年分】1863年

元素名稱的由來

亮線光譜的藍色（拉丁文為「Indicum」）。

發現時的小故事

在分析閃鋅礦的光譜時，發現藍色的譜線。

 金屬（固體）
 金屬（液體）
 非金屬（固體）
非金屬（液體）
 非金屬（氣體）

錫
Tin

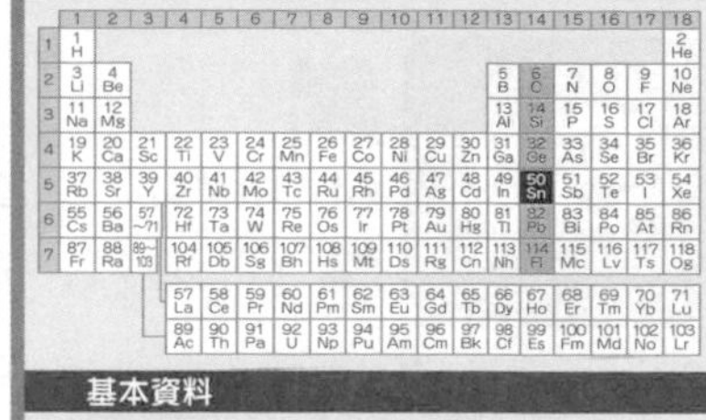

青銅是自古就已經在使用的金屬，稱為「青銅器時代」。這些青銅是錫與銅的合金。由於容易加工，具有獨特的顏色與好聽的聲響，所以現在還用於美術品或寺院的吊鐘。

有錫鍍層的薄鐵板為「馬口鐵」，耐蝕性強的錫具有保護鐵的作用。馬口鐵會用於罐頭的罐身，以及古時候的玩具。

另外，錫與鉛的合金會當做「焊料」（solder），用於電容器與電晶體的電路結構。

基本資料

【質子數】50
【價電子數】4
【原子量】118.710
【熔　點】231.97
【沸　點】2270
【密　度】5.75（α）
【豐　度】[地球]2.2ppm
[宇宙]3.82
【存在場所】錫石
（中國、巴西等地）
【價　格】1937日圓（1公斤）
◆塊狀
【發現者】—
【發現年分】—

元素名稱的由來

拉丁文的「stannum」（指鉛與銀的合金）。

發現時的小故事

錫與銅的青銅合金在西元前3000年就已經知道。

銻

Antimony

0.2ppm

銻會以硫化銻（輝銻礦）的天然化合物存在，自古就已在使用。據說在約西元前2300年埃及王朝的墓中，發現埃及豔后使用輝銻礦粉當眼影使用。

此外，三氧化二銻的用途很多。它會使塑膠與橡膠製品、纖維不易燃燒，常使用於耐燃性的窗簾跟建築材料。

基本資料

【質子數】51　【價電子數】5
【原子量】121.760
【熔　點】630.63
【沸　點】1635
【密　度】6.691
【豐　度】[地球] 0.2ppm
[宇宙] 0.309
【存在場所】輝銻礦
（中國、俄羅斯、玻利維亞等地）
【價　格】704日圓（1公斤）◆
塊狀或粉末
【發現者】—
【發現年分】—

元素名稱的由來

希臘文的「討厭孤獨」（antimonos）。

發現時的小故事

自古就已知道的元素之一。

碲

Tellurium

0.005ppm

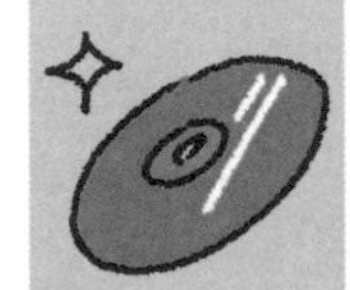

碲的性質是照光就變得容易導電。利用這項性質，常使用於可覆寫的DVD紀錄膜與影印機的感光鼓。此外，碲也可當著色劑，譬如把玻璃染成紫紅色，或將陶瓷塗上紅色或黃色。

目前已證實碲對人體有毒性。據說只要攝取進體內，經代謝後會生成惡臭物質，呼氣會帶有蒜臭味。

基本資料

【質子數】52　【價電子數】6
【原子量】127.60
【熔　點】449.5　【沸　點】990
【密　度】6.24
【豐　度】[地球] 0.005ppm
[宇宙] 4.81
【存在場所】針碲金礦、碲金礦
（美國等地）
【價　格】660日圓（1公克）■小片
【發現者】繆勒（奧地利）
【發現年分】1782年

元素名稱的由來

拉丁文的「地球」（tellus）。

發現時的小故事

繆勒（Franz-Joseph Müller）在金礦中發現碲，克拉普羅特（德國）分離出單質金屬，並命名為碲。

金屬（固體）

金屬（液體）

非金屬（固體）

非金屬（液體）
非金屬（氣體）

碘

Iodine

碘的特點是有殺菌作用。會用於碘酒及含嗽藥盧戈氏溶液的材料。

此外，碘是人體的必須礦物質之一。會從食物進入體內，經甲狀腺攝取後，經過一連串的化學反應形成甲狀腺素。碘攝取不足會導致甲狀腺素不足，便會產生能量代謝與運動機能障礙。

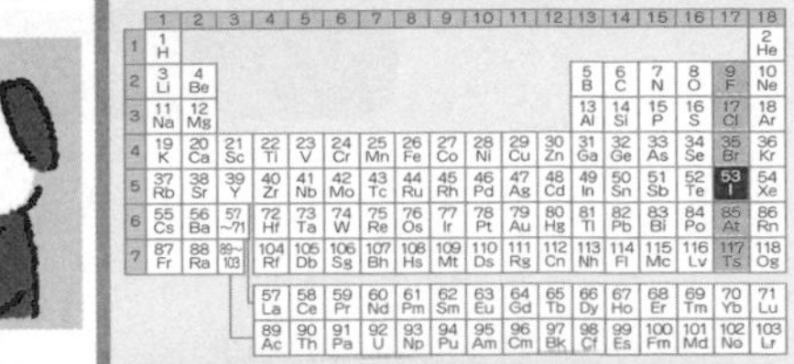

基本資料

【質子數】53 【價電子數】7
【原子量】126.90447
【熔　點】113.5 【沸　點】184.3
【密　度】4.93
【豐　度】[地球] 0.14ppm
[宇宙] 0.90
【存在場所】海水、海藻
（日本、智利、美國等地）
【價　格】—
【發現者】庫魯圖瓦（Bernard Courtois）
（法國）
【發現年分】1811年

元素名稱的由來

希臘文的「紫色」（ioeides）。

發現時的小故事

只要將海藻灰燼以硫酸處理，就能得到暗紅色的晶體。

氙

Xenon

0.000002ppm

氙的用途之一是氙燈。跟氖一樣，在管中填滿氙氣會發光。顏色很接近太陽光，反應速度很快，所以會用在相機的閃光燈。

此外，氙也運用於離子引擎（ion engine）的推進劑。離子引擎會高速噴射氙，利用其反作用力得到推力，配備在日本小行星探測器「隼鳥2號」上。

基本資料

【質子數】54
【價電子數】0
【原子量】131.293
【熔　點】-111.9
【沸　點】-107.1
【密　度】0.0058971
【豐　度】[地球] 0.000002ppm
[宇宙] 4.7
【存在場所】微量存在於空氣中
【價　格】—
【發現者】拉姆齊（英國）
特拉弗斯（英國）
【發現年分】1898年

元素名稱的由來

希臘文的「沒見過」（xenos）。

發現時的小故事

分離自大量的氪而發現。

地殼中的占比　人工合成元素

離婚後隨即再婚
1877年門得列夫(43歲)已婚
好漂亮……
卻熱戀上一名美術學生安娜(17歲)
1882年門得列夫要與妻子離婚。但是宗教上規定7年內不得再婚
那麼…
這些給你，幫我想個辦法
因此他給神父一筆巨款……
離婚之後僅短短2個月他們就結婚了
神父雖被逐出教會
但得到了豐厚的報酬

1955年發現了101號元素

為讚揚門得列夫的功績，便命名為鍆

除此之外有分子結構照明設備的門得列夫車站

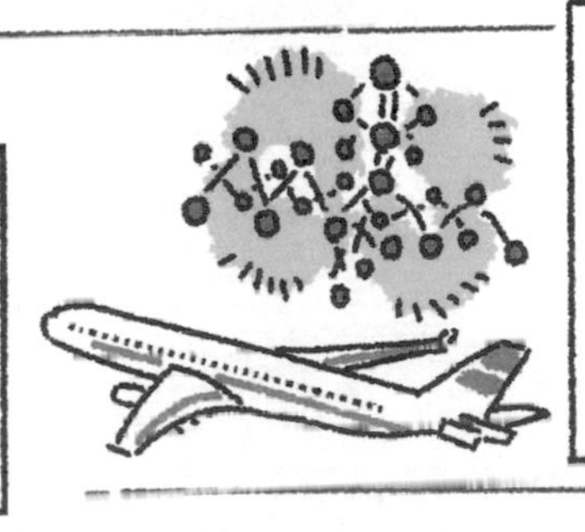

位於國後島的門得列夫機場

俄羅斯韃靼斯坦共和國有名為門捷列夫斯克的城市……

月球也有命名為門得列夫的隕石坑

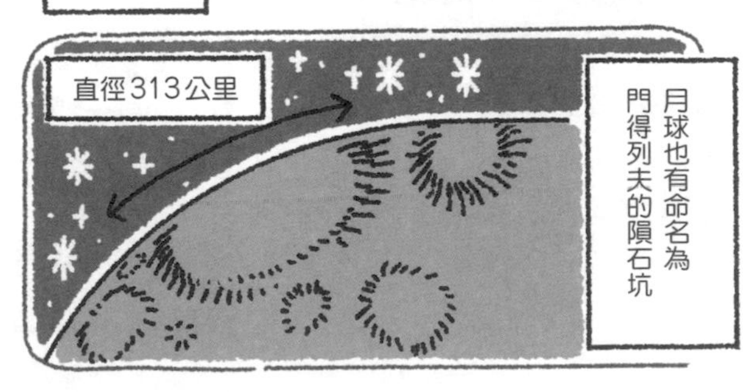

銫 Caesium

3ppm

銫屬於鹼金屬的金屬元素，特點是銀白色且柔軟。常溫下在大氣中會氧化，遇水會有劇烈反應。

銫的同位素銫133用於時間長度的標準。世界一致決定以銫133電子狀態變化時放出的光為 1 秒的長度標準。

日本福島第一核電廠事故排出的是銫的放射性同位素銫137。

基本資料

【質子數】55　【價電子數】1
【原子量】132.90545
【熔　點】28.4　【沸　點】678
【密　度】1.873
【豐　度】[地球]3ppm
[宇宙]0.372
【存在場所】銫沸石、鋰雲母（加拿大等地）
【價　格】4萬4100日圓（1公克）★
【發現者】本生、克希何夫（皆德國）
【發現年分】1860年

元素名稱的由來

拉丁文的「藍天」(caesius)。

發現時的小故事

將德國的涂爾幹（Dürkheim）礦泉水大量濃縮，去除鋰之後，以光譜分析而發現。

鋇 Barium

一說到鋇，很多人都會想到健康檢查要照腸胃的X光時，需要喝下的液體。這個液體正確來說是硫酸鋇。一般情況下，由於X光會穿透過腸胃，拍不出X光照。因此，利用X光難以通過鋇的性質，就能看出腸胃的狀況了。

此外，鋇的焰色反應是綠色，所以會用在煙火。

基本資料

【質子數】56　【價電子數】2
【原子量】137.327
【熔　點】729　【沸　點】1637
【密　度】3.594
【豐　度】[地球]500ppm
[宇宙]4.49
【存在場所】重晶石、碳鋇礦（中國、印度、美國等地）
【價　格】140日圓（1公克）★氧化鋇
【發現者】戴維（英國）
【發現年分】1808年

元素名稱的由來

希臘文的「很重」(barys)。

發現時的小故事

17世紀起就已知含有鋇的礦物。戴維將單質金屬分離出來。

金屬(固體)

金屬(液體)

非金屬(固體)

非金屬(液體)

非金屬(氣體)

鑭
Lanthanum

鑭的用途非常廣泛。生活上的例子，會利用鑭受到撞擊會起火的性質，用於一次性打火機的打火石。除此之外，還用於螢光材料、雷射、陶瓷、永久磁石、電子顯微鏡的電子線源、光學鏡片等。

鑭與鎳的合金有儲存氫的能力。利用這項性質，預期可作為燃料電池的燃料氫安全儲存容器。

基本資料

【質子數】57　【價電子數】—
【原子量】138.90547
【熔　點】921　【沸　點】3457
【密　度】6.145
【豐　度】[地球]32ppm
　[宇宙]0.4460
【存在場所】獨居石、氟碳鈰鑭礦（加拿大、中國等地）
【價　格】220日圓（1公斤）◆氧化鑭
【發現者】莫桑德（瑞典）
【發現年分】1839年

元素名稱的由來

希臘文的「隱藏」（lanthanein）之意。

發現時的小故事

從名為二氧化鈰的氧化物分離出鑭的氧化物。

鈰
Cerium

由於鈰容易與氧鍵結，所以常利用的是氧化鈰。例如，氧化鈰有吸收紫外線的效果，所以會混合在太陽眼鏡的鏡片或汽車的車窗玻璃中。也用於玻璃的拋光劑。

除此之外，氧化鈰還會用於陶器釉藥的新色、白色發光二極體、布勞恩管的藍色螢光材料、坩堝等。

基本資料

【質子數】58　【價電子數】—
【原子量】140.116
【熔　點】799　【沸　點】3426
【密　度】8.24（α）
【豐　度】[地球]68ppm
　[宇宙]1.136
【存在場所】獨居石、氟碳鈰鑭礦（加拿大、中國等地）
【價　格】660日圓（1公斤）◆氧化鈰
【發現者】貝吉里斯、希辛格（Wilhelm Hisinger）（皆瑞典）
【發現年分】1803年

元素名稱的由來

1801年發現的小行星穀神星（Ceres）。

發現時的小故事

取自瑞典產的礦物矽鈰石（cerite），並從氧化物中分離出鈰。

地殼中的占比　人工合成元素

鐠

Praseodymium

 9.5ppm

鐠的氧化物會用於陶瓷著色的黃色或黃綠色釉藥。鐠原本是銀白色的金屬，但在常溫的空氣中，表面會氧化成黃色。而且，鐠的氧化物也用於焊接用的護目鏡。

鐠可以當成永久磁鐵（permanent magnet），特點是物理強度高，可以挖洞加工或加熱彎曲，且不易生鏽。

基本資料

【質子數】59　【價電子數】—
【原子量】140.90766
【熔　點】931　【沸　點】3512
【密　度】6.773
【豐　度】[地球]9.5ppm
[宇宙]0.1669
【存在場所】獨居石、氟碳鈰鑭礦（加拿大、中國等地）
【價　格】2620日圓（1公克）★氧化鐠
【發現者】維魯斯巴哈（Carl von Welsbach）（奧地利）
【發現年分】1885年

元素名稱的由來

希臘文的「青綠」（prasisos）與「雙子」（didymos）。

發現時的小故事

從二氧化鈰分離出的釹鐠混合物中發現2種成分，其中一種命名為鐠。

釹

Neodymium

一說到釹，最知名的是堪稱世界最強的永久磁鐵：「釹磁鐵」。只要將釹加入鐵，不僅鐵的磁性會固定方向，連釹的磁性也固定在相同方向。因此，整體而言可以得到強大磁力。

釹磁鐵內建於喇叭內，具有改變電信號振動的功能。此外，也會用在雷射與陶瓷電容器（ceramic condenser）。

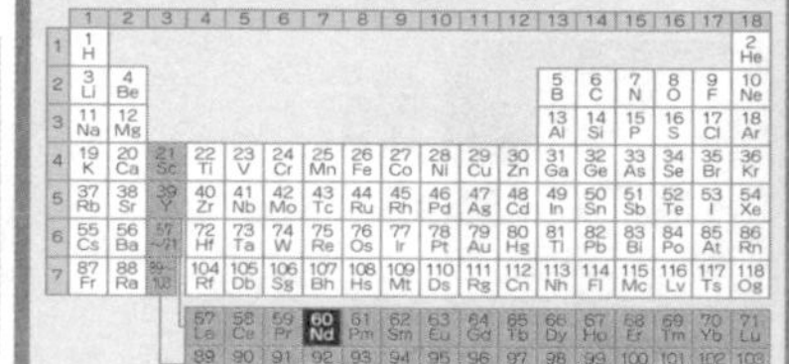

基本資料

【質子數】60　【價電子數】—
【原子量】144.242
【熔　點】1021　【沸　點】3068
【密　度】7.007
【豐　度】[地球]38ppm
[宇宙]0.8279
【存在場所】獨居石、氟碳鈰鑭礦（加拿大、中國）
【價　格】4000日圓（1公克）■氧化物、粉末
【發現者】維魯斯巴哈（奧地利）
【發現年分】1885年

元素名稱的由來

希臘文的「創新」（neo）與「雙胞胎」（didymos）。

發現時的小故事

從二氧化鈰分離出的釹鐠混合物中發現2種成分，其中一種命名為釹。

金屬（固體）　金屬（液體）　 非金屬（固體）　 非金屬（液體）　 非金屬（氣體）

鉕
Promethium

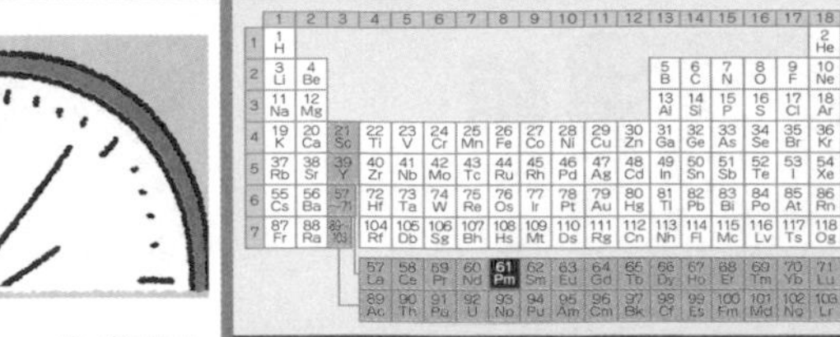

鉕的單質為銀白色的金屬晶體，全都是放射性同位素。

鉕用於核電池的燃料，將放射線轉變成電能。核電池特點是可長時間使用，用於宇宙探測器的電源，在陽光較弱的地方也能運用自如。

除此之外，也曾用於時鐘的螢光板，但考量到安全性問題，所以現在日本國內已經不生產。

基本資料

【質子數】61　【價電子數】—
【原子量】145
【熔　點】1168　【沸　點】2700
【密　度】7.22
【豐　度】[地球]—
[宇宙]—
【存在場所】—
【價　格】—
【發現者】馬林斯基（Jacob Marinsky）、葛蘭丹尼（Lawrence Glendenin）、科耶爾（Charles Coryell）（皆美國）
【發現年分】1947年

元素名稱的由來

希臘神話的神「普羅米修斯」（prometheus）。

發現時的小故事

從鈾礦所含的核分裂產物分離出的新元素。

釤
Samarium

7.9ppm

釤主要用於名為「釤鈷磁鐵」的永久磁鐵。特點是在高溫下磁性也不會變弱。

不過，釤鈷磁鐵非常昂貴，主要用於時鐘等小型工具。它也用於電吉他的拾音器，將弦的振動轉換成電信號。此外，釤鈷磁鐵也用在將汽車引擎的觸媒，將廢氣中所含的一氧化碳氫化。

基本資料

【質子數】62　【價電子數】—
【原子量】150.36
【熔　點】1077　【沸　點】1791
【密　度】7.52
【豐　度】[地球]7.9ppm
[宇宙]0.2582
【存在場所】獨居石、氟碳鈰鑭礦（加拿大、中國等地）
【價　格】1萬5000日圓（1公克）■粉末
【發現者】德布瓦博德蘭（法國）
【發現年分】1879年

元素名稱的由來

俄羅斯烏拉爾地方產出的「鈮釔礦」（samarskite）。

發現時的小故事

分離自鈮釔礦。

地殼中的占比　人工合成元素

銪
Europium

2.1ppm

已知銪會用於布勞恩管的紅色螢光材料。而且，也用於顏色看起來更自然的日光燈螢光材料。

奇妙的是，歐盟紙鈔上印的「EURO」也是使用銪。特點是只要照射紫外線就會發出多種顏色的光芒，對紙鈔防偽很有幫助。其實日本的賀年明信片也有在用，只是沒什麼人知道。

基本資料

【質子數】63　【價電子數】—
【原子量】151.964
【熔　點】822　【沸　點】1597
【密　度】5.243
【豐　度】[地球]2.1ppm
[宇宙]0.0973
【存在場所】獨居石、氟碳鈰鑭礦
(加拿大、中國等地)
【價　格】5萬1000日圓(1公克)■小片
【發現者】德馬魯賽(Eugène-Anatole Demarçay)(法國)
【發現年分】1896年

元素名稱的由來

「歐洲」(Europe)。

發現時的小故事

從認為是釤的物質中發現新的吸收光譜，並將該元素分離出來。

釓
Gadolinium

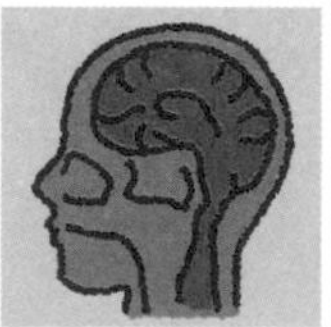

釓在常溫下也擁有很強的磁性。因此，曾經用於磁光碟片（magneto-optical disc）的紀錄層。現在則將其強磁性應用於強調MRI（磁振造影）圖像濃淡的顯影劑。只要在血管內投予釓的化合物，圖像就會很清楚。

此外，釓有吸收中子的性質，會作為抑制核反應器中子反應的調控材料。

基本資料

【質子數】64　【價電子數】—
【原子量】157.25
【熔　點】1313　【沸　點】3266
【密　度】7.9
【豐　度】[地球]7.7ppm
[宇宙]0.3300
【存在場所】獨居石、氟碳鈰鑭礦
(加拿大、中國等地)
【價　格】7200日圓(1公克)★氧化釓
【發現者】馬里尼亞克
(Jean de Marignac)(瑞士)
【發現年分】1880年

元素名稱的由來

稀土元素研究的先鋒「Gadolin」。

發現時的小故事

從鈮釔礦分離出2種元素。一個是釤，另一個是釓。

金屬(固體)　金屬(液體)

鋱
Terbium

鋱用於電視的綠色螢光材料與磁光的材料。而且也用於提高 X 光線攝影靈敏度的敏化劑。

含鋱合金的特點是磁致伸縮（magnetostriction）的效果很強。「磁致伸縮」是指磁化方向會伸長或縮短。利用這項性質的有平板喇叭與電動駕駛輔助系統自行車。

基本資料

【質子數】65　【價電子數】—
【原子量】158.92535
【熔　點】1356
【沸　點】3123
【密　度】8.229
【豐　度】[地球] 1.1ppm
　[宇宙] 0.0603
【存在場所】獨居石、氟碳鈰鑭礦
　（加拿大、中國等地）
【價　格】4200 日圓（1 公克）★塊狀
【發現者】莫桑德（瑞典）
【發現年分】1843 年

元素名稱的由來

瑞典的村莊「伊特比」。

發現時的小故事

從釔分離出 3 種成分，其中發現了新元素鋱。

鏑
Dysprosium

鏑的特點是會貯蓄光的能量而發光，因此，常會用於夜光塗料，避難指示標記與遙控器。

此外，鏑加入釹磁鐵有增強磁力的效果。有磁力的物質在溫度上升時磁力會變弱，不過鏑可以防止這個問題。因此應用於高溫的地方，如油電混合車的馬達。

基本資料

【質子數】66　【價電子數】—
【原子量】162.500
【熔　點】1412　【沸　點】2562
【密　度】8.55
【豐　度】[地球] 6ppm
　[宇宙] 0.3942
【存在場所】獨居石、氟碳鈰鑭礦
　（加拿大、中國等地）
【價　格】5750 日圓（1 公克）■粉末
【發現者】德布瓦博德蘭（法國）
【發現年分】1886 年

元素名稱的由來

希臘文的「難以入手」（dysprositos）的意思。

發現時的小故事

透過測定吸收光譜，發現鈥的化合物混雜了別的元素，便將新元素命名為鏑。

67
Ho 鈥 Holmium

鈥的主要用途在於醫療領域的「雷射治療儀」。其機制是鈥會反射照過來的光，於雷射共振器內增幅，釋放出雷射光。相較於其他的雷射光，最大的優點是產生的熱較少，減少患部的損傷。

利用鈥的治療方面，還用於震碎尿結石與切除攝護腺肥大的增生組織。

基本資料

【質子數】67　【價電子數】—
【原子量】164.93033
【熔　點】1474
【沸　點】2695
【密　度】8.795
【豐　度】[地球] 1.4ppm
[宇宙] 0.0889
【存在場所】獨居石、氟碳鈰鑭礦
（加拿大、中國等地）
【價　格】1萬2000日圓（1公克）■粉末
【發現者】克利弗（Per Cleve）（瑞典）
【發現年分】1879年

元素名稱的由來

斯德哥爾摩的古名「Holmia」。

發現時的小故事

從氧化鉺分離出二種氧化物。其中一種命名為氧化鈥。

鉺 Erbium

鉺是光纖網路不可或缺的元素。光纖中傳導光時，距離愈長就變愈得愈弱。因此，會使用光的增幅器，而這增幅器正是用鉺製成的。

除此之外，鉺也應用在牙醫跟醫美的雷射治療。此外，氧化的鉺會呈現粉紅色，所以會用於太陽眼鏡或玻璃裝飾。

基本資料

【質子數】68　【價電子數】—
【原子量】167.259
【熔　點】1529
【沸　點】2863
【密　度】9.066
【豐　度】[地球] 3.8ppm
[宇宙] 0.2508
【存在場所】獨居石、氟碳鈰鑭礦
（加拿大、中國等地）
【價　格】1萬4000日圓（1公克）■粉末
【發現者】莫桑德（瑞典）
【發現年分】1843年

元素名稱的由來

瑞典的村莊「伊特比」。

發現時的小故事

從混在釔中的鉺分離出來。

金屬（固體）　金屬（液體）　非金屬（固體）　非金屬（液體）　非金屬（氣

銩 Thulium

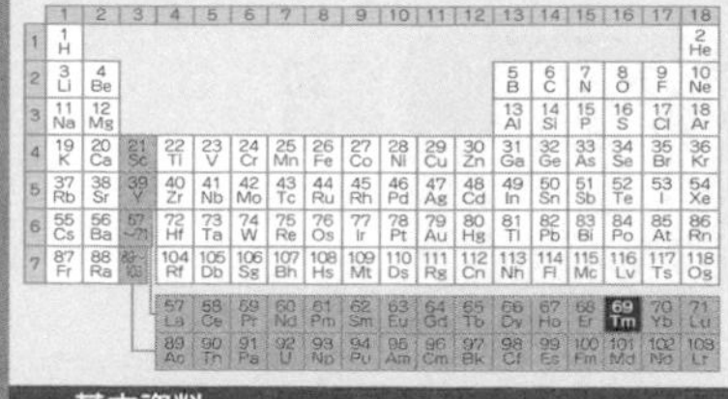

銩最典型的用途是輻射測量計。原理是銩照射游離輻射後加熱，就會發出螢光的性質。

此外，銩也跟鉺一樣用於光纖的增幅器。銩可補足鉺增幅器無法對應到的波長的光。

除此之外，銩跟銪有類似的機制，只要歐元紙鈔照到紫外線就會發光，所以也用銩來發出藍色螢光。

基本資料

【質子數】69　【價電子數】—
【原子量】168.93422
【熔　點】1545
【沸　點】1950
【密　度】9.321
【豐　度】[地球] 0.48ppm
[宇宙] 0.0378
【存在場所】獨居石、氟碳鈰鑭礦（加拿大、中國等地）
【價　格】2萬1000日圓（1公克）★ 碎片狀的銩
【發現者】克利弗（瑞典）
【發現年分】1879年

元素名稱的由來

斯堪地那維亞的古名「Thule」。

發現時的小故事

從純度低的鉺分離出鈥與銩。

鐿 Ytterbium

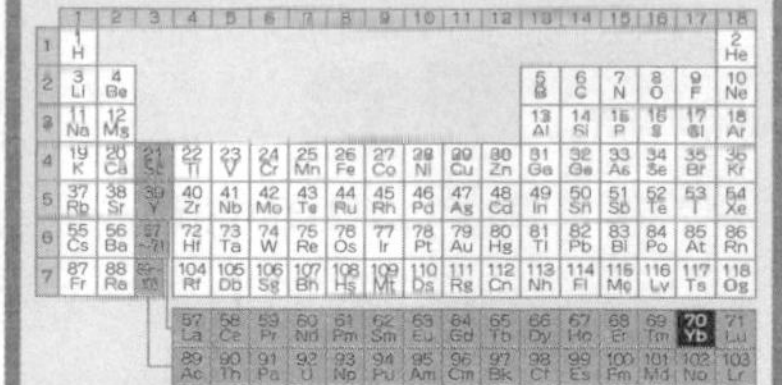

矽鈹釔礦中含有鐿。元素名來自出產矽鈹釔礦的瑞典村莊伊特比。

鐿會用於雷射。鐿雷射會切斷金屬板與矽晶圓（silicon wafer）。它能將薄板切成複雜的形狀，是適於精密機械加工用的雷射。

除此之外，由於鐿色素會將玻璃上色為黃綠色，所以會用於電容器。

基本資料

【質子數】70　【價電子數】—
【原子量】173.054
【熔　點】824
【沸　點】1193
【密　度】6.965
【豐　度】[地球] 3.3ppm
[宇宙] 0.2479
【存在場所】獨居石、氟碳鈰鑭礦（加拿大、中國等地）
【價　格】3600日圓（1公克）■ 氧化物 粉末
【發現者】馬里尼亞克（瑞士）
【發現年分】1878年

元素名稱的由來

瑞典的村莊「伊特比」。

發現時的小故事

從純度低的鉺分離出來。

71 Lu

鎦
Lutetium

0.5ppm

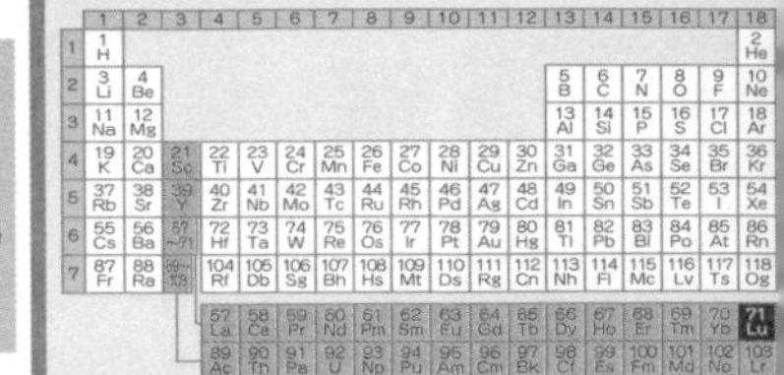

鎦的分離非常繁複且高價，所以幾乎不會使用在工業上。它會利用在醫療檢查用的PET（正子斷層造影）儀器。

PET儀器是類似CT（電腦斷層造影）跟MRI（磁振造影），進行體內斷層掃描的機器。CT與MRI會從體內掃描出來的圖像確認有無異常，而PET則可以研究細胞的性質。

基本資料

【質子數】71　【價電子數】—
【原子量】174.967
【熔　點】1663　【沸　點】3395
【密　度】9.84
【豐　度】[地球]0.5ppm
[宇宙]0.0367
【存在場所】獨居石、氟碳鈰鑭礦（加拿大、中國等地）
【價　格】15700日圓（1公克）★塊狀鎦
【發現者】烏爾班（Georges Urbain）（法國）
【發現年分】1907年（單質分離）

元素名稱的由來

巴黎的古名「lutecia」。

發現時的小故事

多人幾乎在同一時期發現鎦。它是最後發現的鑭系元素。

鉿
Hafnium

5.3ppm

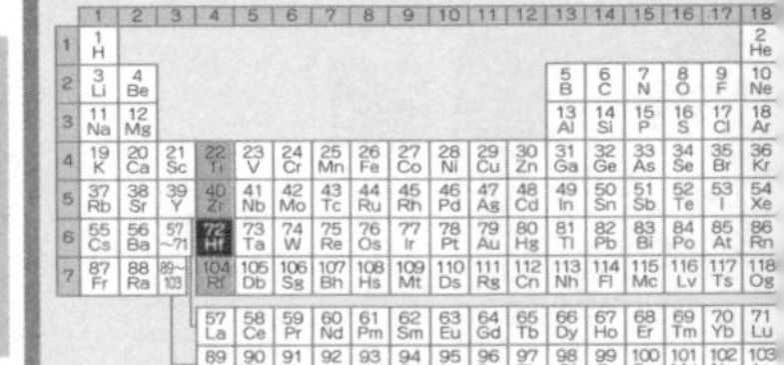

鉿的性質是很容易吸收中子，所以應用在核反應器，裡面的放射性元素會不斷釋出中子撞擊原子核，使用鉿就能控制連鎖反應。

鉿與鈮的合金即使在溫度變化差異大的環境下也不會劣化。因此，它會應用在位於溫度變化大的人造衛星與太空梭的搭載火箭。

基本資料

【質子數】72　【價電子數】—
【原子量】178.49
【熔　點】2230　【沸　點】5197
【密　度】13.31（固體）
【豐　度】[地球]5.3ppm
[宇宙]0.154
【存在場所】鋯石、斜鋯石（美國等地）
【價　格】2600日圓（1公克）★
【發現者】科斯特（Dirk Coster）（荷蘭）
海維西（George de Hevesy）（匈牙利）
【發現年分】1924年

元素名稱的由來

哥本哈根的拉丁名「Hafnia」。

發現時的小故事

鉿與鋯的性質非常相似，難以分離兩者，所以發現較晚。

 金屬（固體）
 金屬（液體）
 非金屬（固體）
 非金屬（液體）
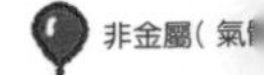 非金屬（氣

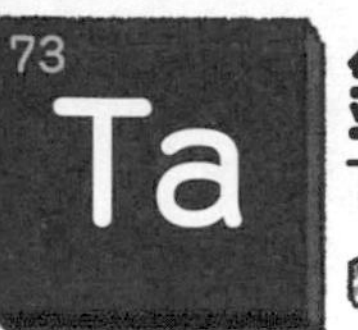

鉭 Tantalum

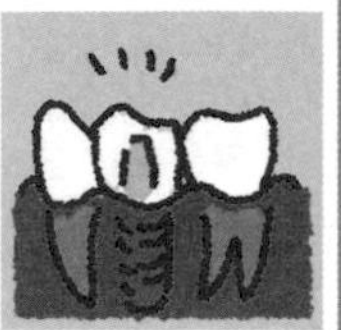

鉭的單質是具有光澤的灰色金屬，外觀很類似鉑。特點是延展性極佳，易於加工。它是熔點第 3 高的金屬單質，而且耐酸性極強。

鉭是對人體無害的金屬，所以會用於人工骨與植牙。在植牙治療方面，假牙會透過名為「植體」(fixtures) 的螺絲鑲在牙槽內，而螺絲的成分就含有鉭與鈦。

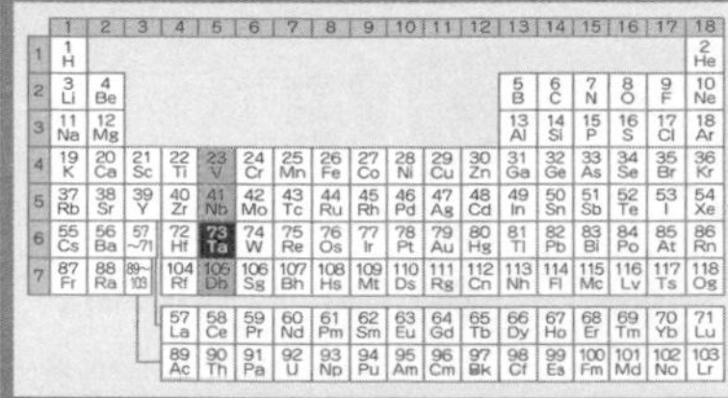

基本資料

【質子數】73　【價電子數】—
【原子量】180.94788
【熔　點】2996　【沸　點】5425
【密　度】16.654
【豐　度】[地球] 2ppm
　　　　　[宇宙] 0.0207
【存在場所】鈮鐵礦、鉭鈮礦（澳洲等地）
【價　格】48日圓(1公克)◆
　　　　　塊狀或粉末
【發現者】艾克貝利（瑞典）
【發現年分】1802年

元素名稱的由來

希臘神話的「弗里吉亞」(Phrygia) 之王：「坦塔洛斯」(Tantalus)。

發現時的小故事

艾克貝利(Anders Ekeberg)所發現的是跟鈮性質相近的鈮鉭混合物。

鎢 Tungsten

鎢是所有金屬中熔點最高，且蒸氣壓低，可加工成細線。上述特點應用於白熾燈的燈絲。

此外，鎢是非常堅硬的重金屬。據說含有碳與鎢化合物的超硬合金硬度僅次於鑽石，而重量接近鐵的 3 倍，鉛的 2 倍。鎢因這些特點經常用於鑽孔機之類的切削工具材料。

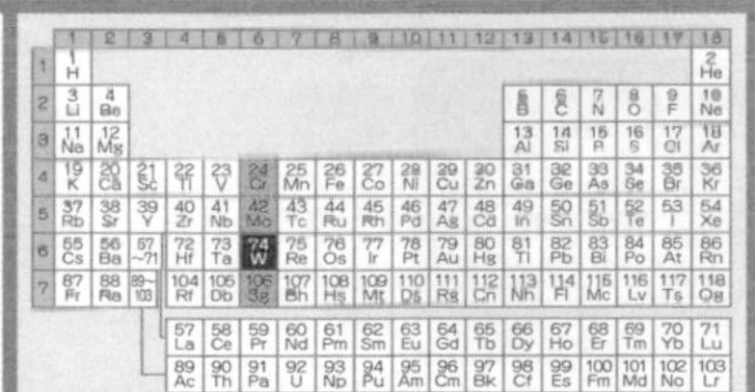

基本資料

【質子數】74　【價電子數】—
【原子量】183.84
【熔　點】3410
【沸　點】5657
【密　度】19.3
【豐　度】[地球] 1ppm
　　　　　[宇宙] 0.133
【存在場所】鎢鐵礦、白鎢礦（中國、加拿大、俄羅斯等地）
【價　格】4730日圓(1公斤)◆
　　　　　粉末
【發現者】舍勒（瑞典）
【發現年分】1781年

元素名稱的由來

瑞典文的「很重的石頭」(tungsten)。

發現時的小故事

現在已從白鎢礦分離出新的氧化物。

錸
Rhenium

錸的特點是具高導熱性。因此，錸合金用於高溫溫度計的最前端。而且，它能忍受嚴酷的環境，所以也應用於航太產業。

錸可當觸媒。例如，會用在汽油製程中以提高品質。

錸在地殼的量非常稀少，僅少量存在於輝鉬礦。

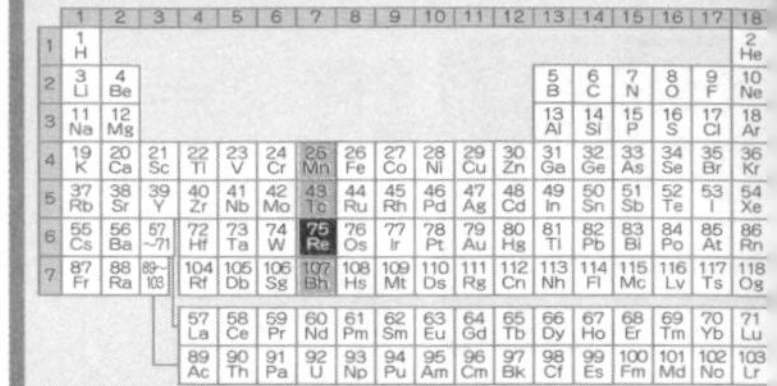

基本資料

【質子數】75　【價電子數】—
【原子量】186.207　【熔　點】3180
【沸　點】5596　【密　度】21.02
【豐　度】[地球]0.0004ppm
[宇宙]0.0517
【存在場所】輝鉬礦(美國、智利等地)
【價　格】220日圓(1公克)◆顆粒(99.99％)
【發現者】諾達克(Walter Noddack)、塔科(Ida Tacke)、伯格(Otto Berg)(皆德國)
【發現年分】1925年

元素名稱的由來

「萊茵河」(Rhein)。

發現時的小故事

門得列夫預言中名為dvimanganese的元素。從矽酸鹽礦物分離而來。

鋨
Osmium

鋨是自然界中比重最大的物質。棒球般的大小就達約 6 公斤重。

鋨是在跟銥形成合金的狀態下從鉑礦石分離出來的。這種合金非常堅固，用於部分高級鋼筆的筆尖。據說其強度可連續書寫500萬字。

此外，鋨很容易氧化，四氧化鋨具有強烈臭味及毒性。

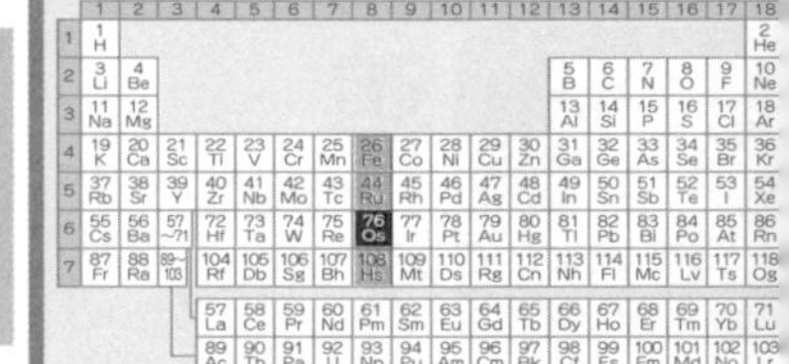

基本資料

【質子數】76　【價電子數】—
【原子量】190.23
【熔　點】3054　【沸　點】5027
【密　度】22.59
【豐　度】[地球]0.0004ppm
[宇宙]0.675
【存在場所】鉑礦石(南非、加拿大、俄羅斯等地)
【價　格】4萬9500日圓(1公克)■粉末
【發現者】特南特(Smithson Tennant)(英國)
【發現年分】1803年

元素名稱的由來

希臘文的「很臭」(osme)之意。

發現時的小故事

將含有鉑的礦物溶於濃鹽酸與濃硝酸時產生的黑色殘渣中同時發現鋨與銥。

金屬(固體)　金屬(液體)　非金屬(固體)　 非金屬(液體)　 非金屬(氣體)

銥
Iridium

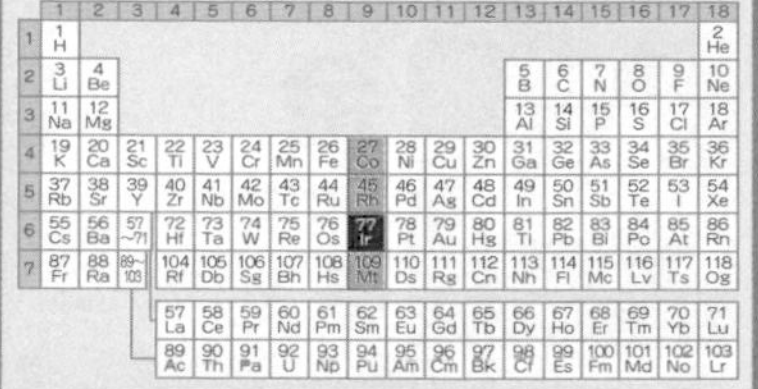

銥是地球上非常稀有的金屬。難以加工，單質幾乎沒有用途。銥的合金非常堅固，耐熱性優異，所以會用於汽車的火星塞。

在6550萬年前恐龍滅絕的地層（白堊紀-古近紀的分界）發現銥。因為隕石富含銥，所以推測恐龍滅絕可能是太空中的隕石掉落所致。

基本資料

【質子數】77　　【價電子數】—
【原子量】192.217
【熔　點】2410
【沸　點】4130
【密　度】22.56
【豐　度】[地球]0.000003ppm
[宇宙]0.661
【存在場所】銥鋨礦(南非、阿拉斯加、加拿大等地)
【價　格】7800日圓(1公克)■粉末
【發現者】田南特(英國)
【發現年分】1803年

元素名稱的由來

希臘神話的彩虹女神「伊麗絲」(Iris)。

發現時的小故事

將含有鉑的礦物以濃鹽酸與濃硝酸處理後產生的黑色殘渣中同時發現的。

鉑
Platinum

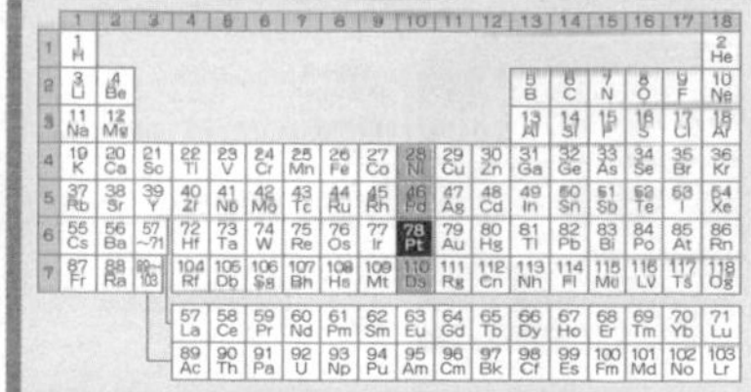

鉑會從自然的礦石中生成。由於鉑具有美麗的銀白色，是眾人皆知的裝飾品。

工業利用方面，鉑會利用於石油精製與淨化汽車廢氣、燃料電池的觸媒。而且，由於鉑很耐蝕，所以鉑銥合金會用於製作鋼筆筆尖與長笛的材料。醫療方面用於名為順鉑（cisplatin）的癌症治療藥物。

基本資料

【質子數】78　　【價電子數】—
【原子量】195.084
【熔　點】1772
【沸　點】3830
【密　度】21.45
【豐　度】[地球]約0.001ppm
[宇宙]1.34
【存在場所】砂鉑礦、硫鉑礦、砷鉑礦(南非、俄羅斯、美國等地)
【價　格】3158日圓(1公克)◆鉑條
【發現者】—
【發現年分】—

元素名稱的由來

西班牙文的「小銀塊」(platina)。

發現時的小故事

自古就在使用。據說首先將鉑列為元素的是西班牙的鄔洛亞(Antonio de Ulloa)。

金
Gold

0.0011ppm

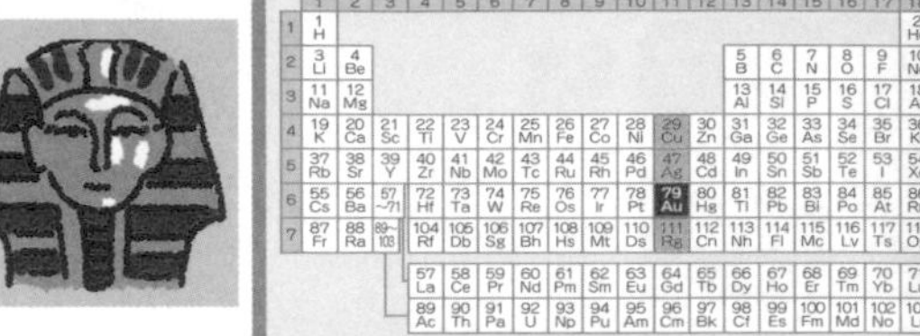

金是自然生成的金屬中，唯一閃耀著金黃色光芒的金屬。

金的歷史悠久，以古埃及的國王圖坦卡門所戴的黃金面具最為知名。自古便使用金的主要原因是它容易加工。若延展成薄片，會形成厚度達0.0001毫米以下的金箔；若做成細絲，1公克的金可製成3000公尺長的金絲。另外，抗風濕藥物含有金，所以在醫療領域占有重要地位。

基本資料

【質子數】79　【價電子數】—
【原子量】196.966569
【熔　點】1064.43　【沸　點】2807
【密　度】19.32
【豐　度】[地球]0.0011ppm
　　　　[宇宙]0.187
【存在場所】天然金（南非等地）
【價　格】4900日圓（1公克）
　　　　純金條的市價
【發現者】—
【發現年分】—

元素名稱的由來

元素符號Au是拉丁文中「太陽的光芒」（Aurum）。英文名Gold是印歐語系的「黃金」（geolo）。

發現時的小故事

自古就已知的元素之一。

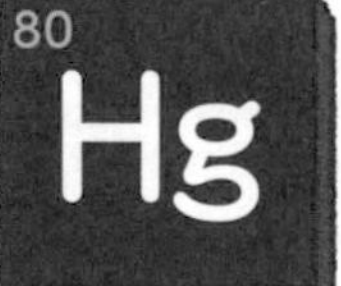

汞
Mercury

0.05ppm

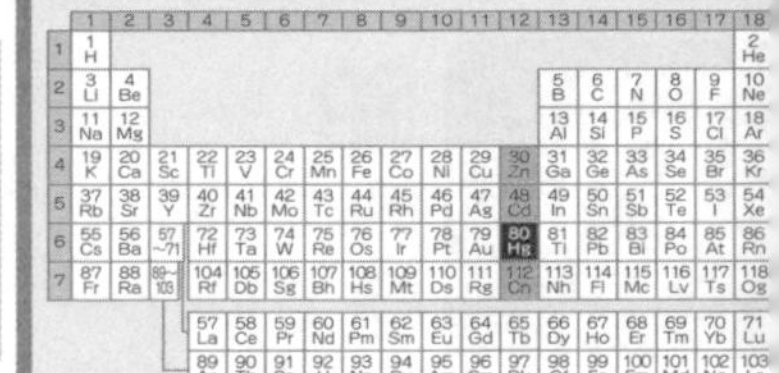

汞是常溫下（15～25℃）唯一的液體金屬元素。生活上會用於溫度計及體溫計、日光燈。而且，汞化合物也會用於消毒藥劑。但是，一般而言汞化合物具強毒性，所以現在幾乎已經不使用了。

1950年代在日本熊本縣水俣市發生了名為水俣病的公害疾病，是因甲基汞造成環境汙染所引起的中毒性神經疾病。

基本資料

【質子數】80　【價電子數】—
【原子量】200.592
【熔　點】-38.87
【沸　點】356.58
【密　度】13.546
【豐　度】[地球]0.05ppm
　　　　[宇宙]0.34
【存在場所】天然汞、辰砂等
　　　　（西班牙、俄羅斯等地）
【價　格】19日圓（1公克）★
【發現者】—
【發現年分】—

元素名稱的由來

羅馬神話的財神「墨丘利」（mercurius）。

發現時的小故事

自古就已知的元素之一。

金屬（固體）　金屬（液體）　非金屬（固體）　非金屬（液體）

非金屬（氣

鉈
Thallium

鉈在常溫下是銀白色的柔軟金屬。外觀與性質都跟鉛很相似。一般而言鉈的毒性強，過去曾用於老鼠藥與驅蟲藥，不過現在已不使用了。

鉈的放射性同位素常用於醫療領域，例如心肌灌注（myocardial perfusion）檢查。此外，鉈汞合金的熔點比汞還低，所以用於極地用的溫度計。

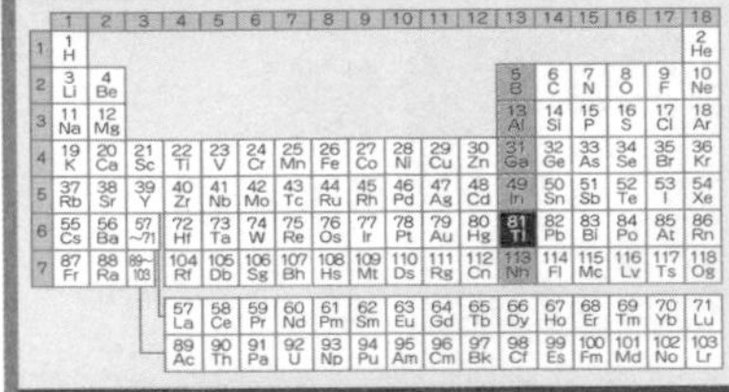

基本資料

【質子數】81　　【價電子數】3
【原子量】204.382～204.385
【熔　點】304　　【沸　點】1457
【密　度】11.85
【豐　度】[地球]0.6ppm
　　　　　[宇宙]0.184
【存在場所】硒鉈銀銅礦、紅鉈礦等
　　　　　（美國等地）
【價　格】320日圓（1公克）★
【發現者】克魯克斯（英國）拉密（法國）
【發現年分】1861年

元素名稱的由來

希臘文的「綠枝椏」（thallos）。

發現時的小故事

克魯克斯（William Crookes）與拉密（Claude Auguste Lamy）同時發現鉈。各自堅持自己祖國為「發現國」而爭論不休。

鉛
Lead

鉛與鉛的化合物自古以來在埃及、中國、印度、羅馬都當作顏料及醫療藥品使用。鉛的熔點低又柔軟，所以容易加工。黑濁色的「鉛色」是因為鉛在空氣中氧化的關係，鉛原本是具有光澤的白色。

工業利用方面，鉛蓄電池使用鉛作為電極，並用於汽車的電池。此外，二氧化矽與氧化鉛形成的鉛玻璃，會用於放射線的遮蔽物。

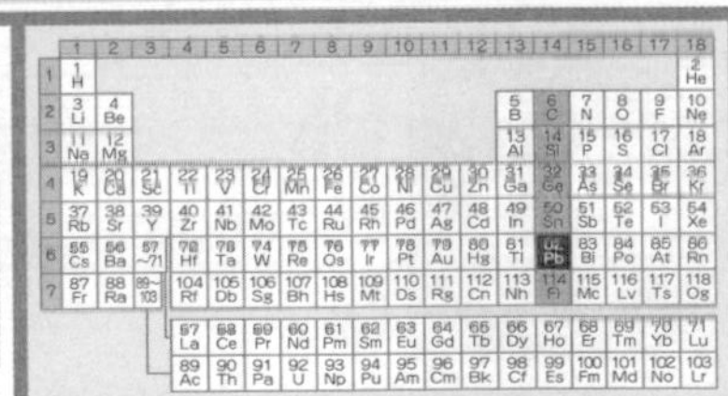

基本資料

【質子數】82　　【價電子數】4
【原子量】207.2
【熔　點】327.5　　【沸　點】1740
【密　度】11.35
【豐　度】[地球]14ppm
　　　　　[宇宙]3.15
【存在場所】方鉛礦、白鉛礦等
　　　　　（澳洲、中國等地）
【價　格】208日圓（1公斤）◆
　　　　　鉛條
【發現者】—
【發現年分】—

元素名稱的由來

元素符號Pb為拉丁文的「鉛」（plumbum）。

發現時的小故事

自古就已知的元素之一。

鉍
Bismuth

0.048ppm

鉍的用途是「超導電纜」（super-conductive cable），是含有鉍、鉛、鍶、鈣、銅、氧的化合物。這種電纜的特點是電阻為零，輸電也零損耗。但是，這些優點跟鉍的哪項性質有關尚不清楚。

除此之外，鉍還用於消防灑水裝置的金屬接頭以及胃潰瘍跟十二指腸潰瘍的醫療藥劑。

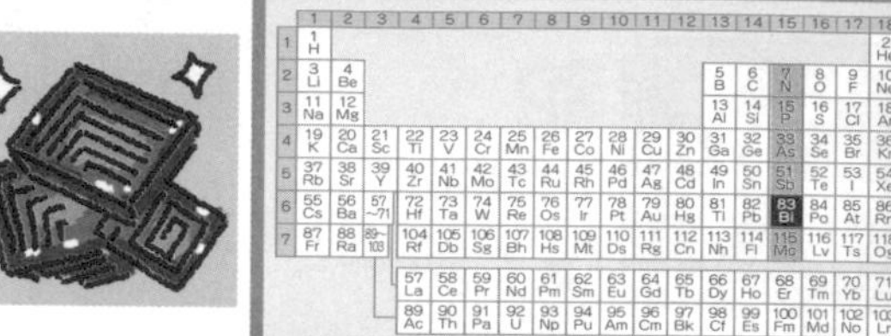

基本資料

【質子數】83　【價電子數】5
【原子量】208.98040
【熔　點】271.3　【沸　點】1610
【密　度】9.747
【豐　度】[地球]0.048ppm
[宇宙]0.144
【存在場所】輝鉍礦、鉍華等
（中國、澳洲等地）
【價　格】1000日圓（1公克）■小片
【發現者】傑弗羅（Claude Geoffroy）
（法國）
【發現年分】1753年

元素名稱的由來

拉丁文的「溶解」（bisemutum）。

發現時的小故事

有很長時間，鉍與鉛、錫、銻混合在一起。直到18世紀才明白它是一種單質金屬。

釙
Polonium

釙是人物傳記「居禮夫人」揚名的瑪麗·居禮（Marie Curie，1867～1934）與皮耶·居禮（Pierre Curie，1859～1906）夫婦所發現的元素。他們注意到去除鈾之後的鈾礦還殘留著放射性，重複實驗數次終於分離成功。

釙是放射性物質，可將它發出的熱轉換為電力，作為核電池使用。此外，還用於去除纖維上靜電的釙刷。

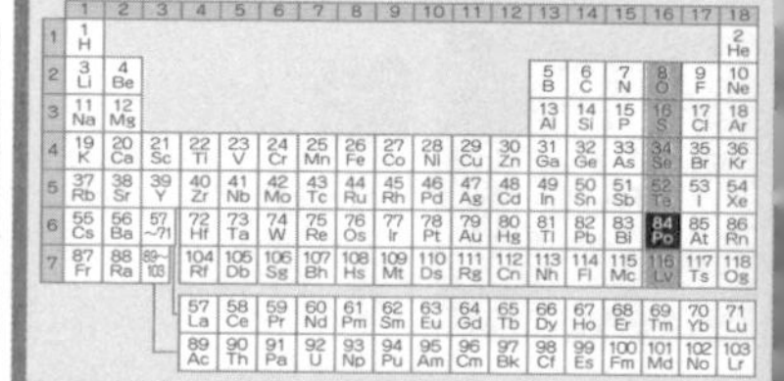

基本資料

【質子數】84　【價電子數】6
【原子量】209
【熔　點】254
【沸　點】962
【密　度】9.32
【豐　度】[地球]—
[宇宙]—
【存在場所】鈾礦
（瀝青鈾礦）（加拿大、澳洲等地）
【價　格】—
【發現者】居禮夫婦（法國）
【發現年分】1898年

元素名稱的由來

居禮夫人的祖國：波蘭（Poland）。

發現時的小故事

從鈾礦取出強放射性物質的實驗中分離出來。

 金屬（固體）  金屬（液體）  非金屬（固體）  非金屬（液體）  非金屬（氣體）

砈
Astatine

砈尚未用於工業，還停留在研究階段。其中最令人期待的是癌症治療。

砈會釋放出破壞細胞的高能α射線。理想上，科學家想要α射線直接照射癌細胞來治療癌症。但是，為此需要一個將砈搬運至癌細胞的「載體」。目前還在研究這個載體的階段。

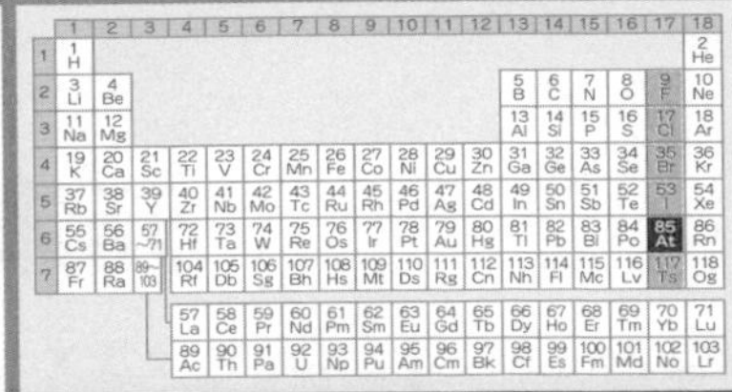

基本資料

【質子數】85　【價電子數】7
【原子量】(209)
【熔　點】302　【沸　點】—
【密　度】—
【豐　度】[地球]—
　　　　　[宇宙]—
【存在場所】人工元素
【價　格】—
【發現者】科爾森(Dale Corson)、麥肯西(Kenneth MacKenzie)(皆美國)、賽格瑞(義大利)
【發現年分】1940年

元素名稱的由來

希臘文的「不穩定」(astatos)。

發現時的小故事

用迴旋加速器加速的α射線撞擊鉍，得到新的放射性元素。

氡
Radon

氡屬於惰性氣體，為無色的氣體。它不存在穩定的同位素，全都是放射性同位素，具有很強的放射性。

以往曾將氡用於非侵入性檢查與癌症治療。但因為難以操作，所以現在已用其他的放射性物質代替。

此外，有一種知名的「氡溫泉」含有氡。目前科學上尚未證實它在醫學方面的功效。

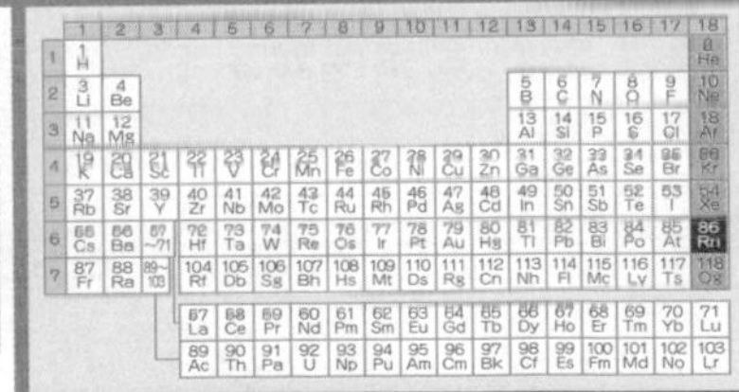

基本資料

【質子數】86　【價電子數】0
【原子量】(222)
【熔　點】-71
【沸　點】-61.8
【密　度】0.00973
【豐　度】[地球]—
　　　　　[宇宙]—
【存在場所】由鐳衰變而產生
【價　格】—
【發現者】多恩(德國)
【發現年分】1900年

元素名稱的由來

鐳(Radium)。

發現時的小故事

居禮夫婦發現跟鐳接觸的空氣具有放射性。後來多恩(Friedrich Dorn)發現這個放射性物質是鐳衰變而產生的氡。

元素價格排行榜

元素當中價格最貴的的是哪個元素呢？我們將第 3 章所介紹的元素，依「氣體類」、「固體、液體類」分別排行價格高低。

氣體類中，有提到價格的只有 5 種。其中價格最高的是氦（He）。**氦的用途廣泛，包括「磁振造影」（MRI）、「超導儀器」、製造現場的需求等。**氦是宇宙中為數第 2 多的元素，但在地球上很稀少。近年來的需求量已超過供給量，所以氦的價格居高不下。

固、液體類排名前面的是所謂的「稀有元素」（稀有金屬）。稀有元素是指天然存量低，或是難以得到品質佳的元素。**第 1 名的銪（Eu），第 3 名的銫（Cs），第 4 名的銣（Rb）皆屬稀有元素。**第 2 名的鋨（Os）是硬度很高的金屬，會作為合金的材料。

元素價格排行榜「氣體類」

順位	元素名(元素符號)	價格（1立方公尺）	狀態	出處
1	氦（He）	2500日圓	氣體	♣
2	氬（Ar）	850日圓	氣體	♣
3	氫（H）	350日圓	氣體	♣
4	氮（N）	270日圓	氣體	♣
5	氧（O）	260日圓	氣體	♣

元素價格排行榜「固體、液體類」

順位	元素名(元素符號)	價格（1公克）	狀態	出處
1	銪（Eu）	5萬1000日圓	小片	■
2	鋨（Os）	4萬9500日圓	粉末	■
3	銫（Cs）	4萬4100日圓		★
4	銣（Rb）	3萬0200日圓		★
5	銩（Tm）	2萬1000日圓	削片狀	★
69	氟（F）	0.029日圓	螢石	◆
70	錳（Mn）	0.016日圓	礦石	◆

〈價格的引用出處〉

♣…『物價資料』（2018年7月號）

◆…日本獨立行政法人 石油天然氣與金屬礦物資源機構『礦物資源 material flow』（2017）

■…Nirako（股）純金屬價格表

★…日本和光純藥工業　　此採用1美元=110日圓

鍅
Francium

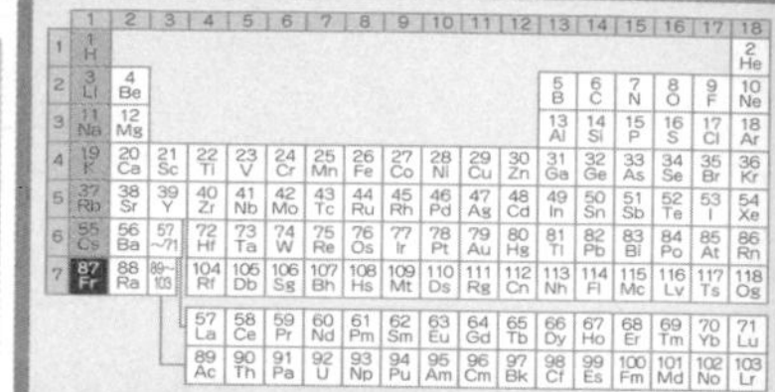

鍅是自然界最後發現的元素。存量稀少，沒有什麼用途。其化學性質也幾乎不了解。

鍅是週期表上質量最大的鹼金屬，自古就推測存在這個元素。雖然曾發表過好幾次發現鍅的論文，但全都有誤，到70年前才真正發現。發現者名為佩雷（Marguerite Perey，1909～1975），是居禮夫人創辦的居禮研究所之研究員。

基本資料

【質子數】87　【價電子數】1
【原子量】(223)
【熔　點】27
【沸　點】677
【密　度】—
【豐　度】[地球] —
[宇宙] —
【存在場所】鈾礦（瀝青鈾礦）（加拿大、俄羅斯等地）
【價　格】—
【發現者】佩雷（法國）
【發現年分】1939年

元素名稱的由來

法國（France）。

發現時的小故事

由錒衰變產生而發現的放射性元素。

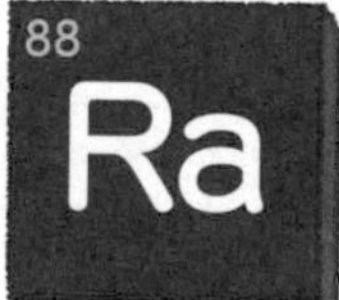

鐳
Radium

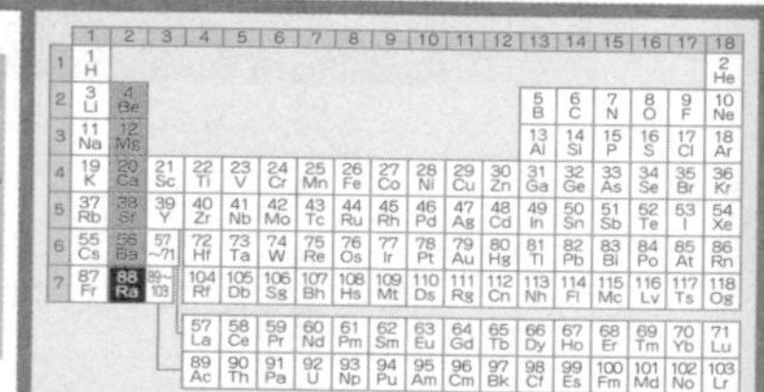

鐳不存在穩定的同位素，全都是放射性同位素。為1898年居禮夫婦發現的元素。但是，居禮夫人因曝露於鐳的放射線而得白血病去世。

此外，鐳曾當作夜光漆使用於時鐘的數字板面，但美國時鐘工廠的員工一個個受害得了癌症。自這類事件以來，現在已不使用於工業用途。

基本資料

【質子數】88　【價電子數】2
【原子量】(226)
【熔　點】700
【沸　點】1140
【密　度】5
【豐　度】[地球] 0.0000006ppm
[宇宙] —
【存在場所】鈾礦（瀝青鈾礦）（加拿大、俄羅斯等地）
【價　格】—
【發現者】居禮夫婦（法國）
【發現年分】1898年

元素名稱的由來

拉丁文的「放射線」（radius）。

發現時的小故事

居禮夫婦發現鈾礦含有放射性比鈾更強，且類似鋇的新元素，然後將其分離出來。

錒
Actinium

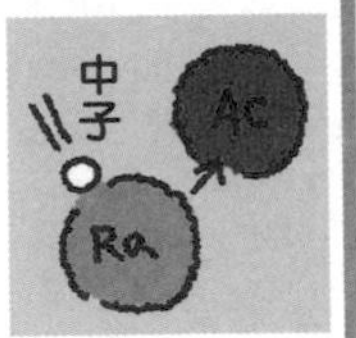

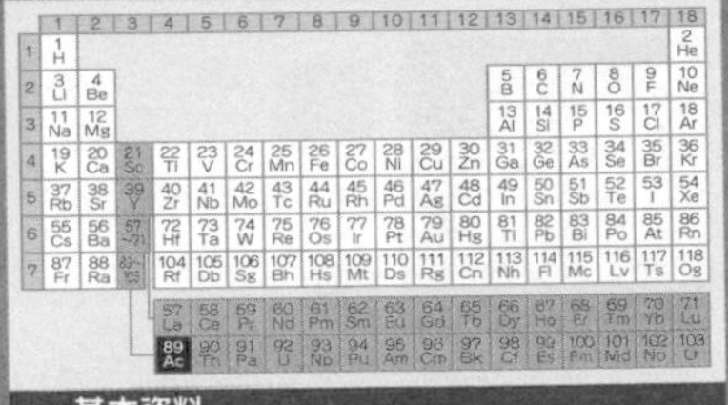

錒是具有放射性的銀白色金屬元素。特點是在暗處發發出藍白色的光。而且，它是天然存在的放射性元素，在鈾礦中含量很低。因為錒豐度少，又具強游離輻射，所以只有研究用途。

錒是用中子撞擊鐳所產生的。發現者為法國的科學家戴比艾努（André-Louis Debierne，1874～1949），是居禮夫婦的摯友。

基本資料

【質子數】89　【價電子數】—
【原子量】(227)
【熔　點】1050
【沸　點】3200
【密　度】10.06
【豐　度】[地球]—
　　　　　[宇宙]—
【存在場所】鈾礦（瀝青鈾礦）（加拿大等地）
【價　格】—
【發現者】戴比艾努（法國）
【發現年分】1899年

元素名稱的由來

希臘文的「光線」(aktis)。

發現時的小故事

戴比艾努從居禮夫婦分離過針的瀝青鈾礦中，發現具有強放射性的元素。

釷
Thorium

 12ppm

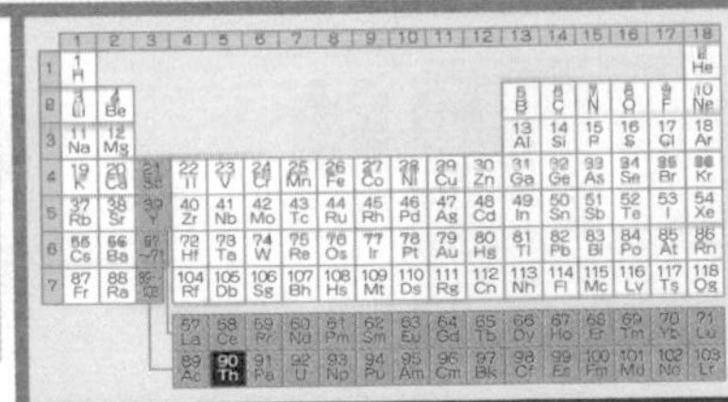

釷是銀白色的金屬。同位素皆具放射性，沒有穩定的同位素。釷的存量很豐富，是用於核能發電的候選元素。

二氧化釷化合物的熔點很高，耐燃性優異。這些特點會應用在坩堝（實驗用的一種杯狀器皿）的材料。此外，雖然看到的機會罕見，不過煤氣燈的燈罩發光材料的纖維中含有釷。

基本資料

【質子數】90　【價電子數】—
【原子量】232.0377
【熔　點】1750
【沸　點】4790
【密　度】11.72
【豐　度】[地球]12ppm
　　　　　[宇宙]0.0335
【存在場所】獨居石、釷石
　　　　　（加拿大、澳洲等地）
【價　格】—
【發現者】貝吉里斯（瑞典）
【發現年分】1828年

元素名稱的由來

北歐神話的雷神「索爾」(Thor)。

發現時的小故事

貝吉里斯分析出現於瑞典海岸上的沉重的黑色石頭（釷石）而發現。

地殼中的占比　人工合成元素

鏷
Protactinium

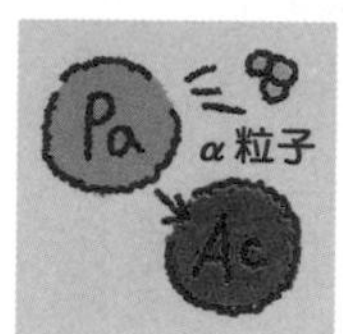

鏷是放射性元素，已知有31種同位素。其中 3 種為自然存在，其他為人工合成。它沒有穩定的同位素。

鏷衰變後會變成錒，所以在錒的名字前面加了「pro」代表「先前」的意思，便形成了鏷的英文名「protactinium」。化學性質上類似於鉭。

除了用於研究之外，也用於測定海底沉積層的年代。

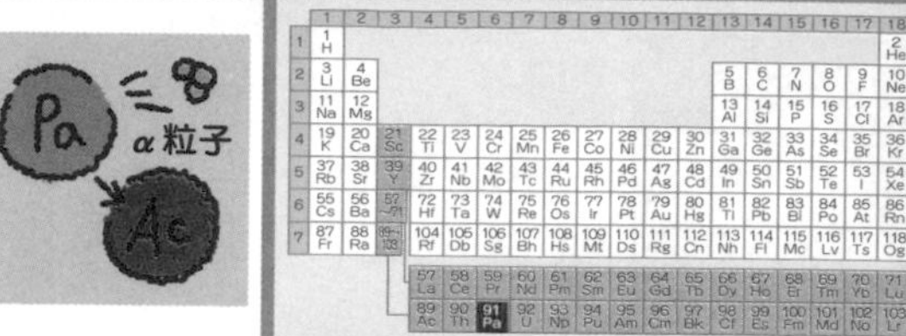

基本資料

【質子數】91　【價電子數】—
【原子量】231.03588
【熔　點】1840　【沸　點】—
【密　度】15.37（計算值）
【豐　度】［地球］—［宇宙］—
【存在場所】鈾礦（瀝青鈾礦）
【價　格】—
【發現者】漢恩（Otto Hahn）（德國）、麥特納（Lise Meitner）（奧地利）、索迪（Frederick Soddy）與克蘭斯頓（John Cranston）（皆英國）
【發現年分】1918年

元素名稱的由來

錒的前面之意。

發現時的小故事

門得列夫預言的元素。因鏷經α衰變後會變成錒227而發現。

鈾
Uranium

已知鈾的同位素有數個，全具有放射性。當中子撞擊鈾的原子核時，會發生核分裂，產生能量。使此般的核分裂連鎖反應持續下去，核電廠就會產生巨大的能量。

19世紀中期，曾將玻璃中混有鈾的鈾玻璃製成杯子與花瓶。帶黃色或綠色的玻璃很美麗，至今仍是非常受歡迎的古董。

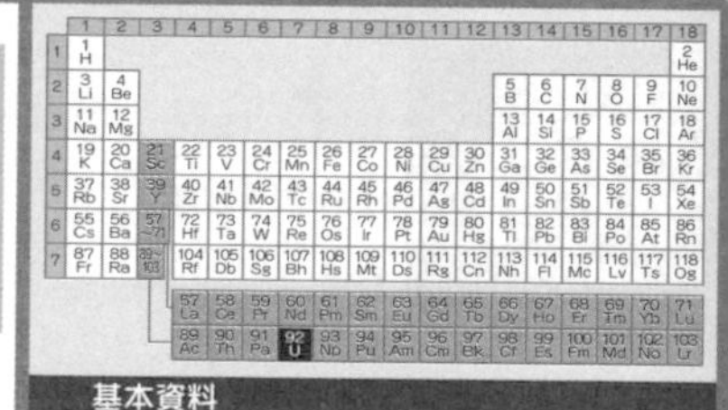

基本資料

【質子數】92
【價電子數】—
【原子量】238.02891
【熔　點】1132.3
【沸　點】3745
【密　度】18.950（α）
【豐　度】［地球］2.4ppm
［宇宙］0.0090
【存在場所】瀝青鈾礦（哈薩克等地）
【價　格】—
【發現者】克拉普羅特（德國）
【發現年分】1789年

元素名稱的由來

天王星（Uranus）。

發現時的小故事

克拉普羅特發現的是鈾的氧化物。提煉出鈾金屬是50年後的事情。

錼
Neptunium

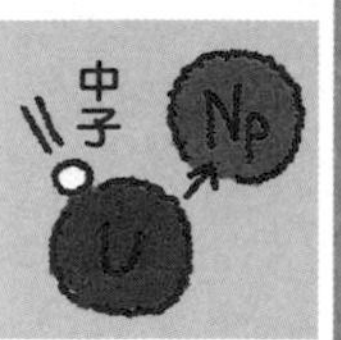

原子序位於錼之後的都是人工合成元素，稱為「超鈾元素」（transuranic elements）。錼是用中子撞擊鈾而產生的。核電廠使用完的核廢料也含有錼。

錼會用於製造鈽。週期表上錼位於鈾的下一個位置，所以比照太陽系行星位置，命名為「天王星」（Uranus）的下一個行星：「海王星」（Neptune）。

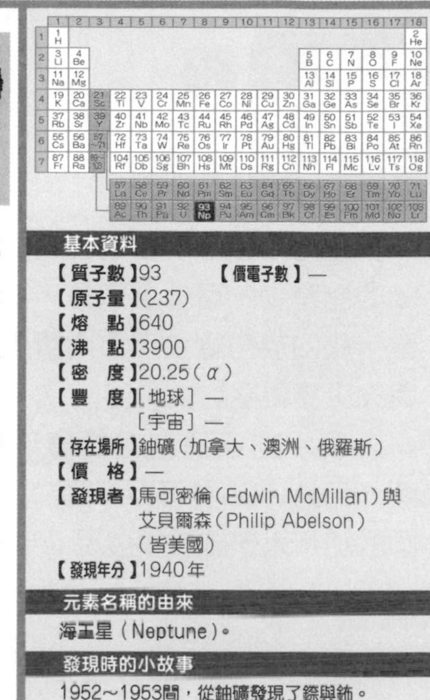

基本資料

【質子數】93　【價電子數】—
【原子量】(237)
【熔　點】640
【沸　點】3900
【密　度】20.25（α）
【豐　度】[地球] —
[宇宙] —
【存在場所】鈾礦（加拿大、澳洲、俄羅斯）
【價　格】—
【發現者】馬可密倫（Edwin McMillan）與艾貝爾森（Philip Abelson）（皆美國）
【發現年分】1940年

元素名稱的由來

海王星（Neptune）。

發現時的小故事

1952~1953間，從鈾礦發現了錼與鈽。

鈽
Plutonium

鈽是用氘核（deuteron）照射鈾而人工合成的元素。鈽如鈾一般，會發生核分裂反應，所以會用於核能發電的核燃料。除此之外，鈽發出的熱可當電力用於核電池，配備於人造衛星上。

週期表上鈽位於錼的下一個位置，所以命名為「海王星」（Neptune）的下一個行星：冥王星（Pluto）。

基本資料

【質子數】94　【價電子數】—
【原子量】(244)
【熔　點】641　【沸　點】3232
【密　度】19.84
【豐　度】[地球] —
[宇宙] —
【存在場所】鈾礦（加拿大、澳洲、俄羅斯）
【價　格】—
【發現者】西博格（Glenn Seaborg）與甘迺迪（Joseph Kennedy）、華爾（Arthur Wahl）（皆美國）
【發現年分】1940年

元素名稱的由來

冥王星（Pluto）。

發現時的小故事

錼238進行β衰變後的產物。

地殼中的占比　人工合成元素

鋂

Americium

鋂是用中子照射鈽而生成的元素。它是鈽的副產物，可低價取得，所以會用於工業。鋂的放射線會用於測量厚度的測量器與火災警報器的偵測器。

「鋂」的名稱來自於發現它的美洲大陸。另外，93號至106號的元素都是由美國的加州大學團隊所發現。

基本資料

【質子數】95　【價電子數】—
【原子量】(243)
【熔　點】1172　【沸　點】2607
【密　度】13.67
【豐　度】[地球] 0ppm
[宇宙] —
【存在場所】產生自鈽
【價　格】—
【發現者】西博格、詹姆斯(Ralph James)、摩根(Leon Morgan)、吉歐索(Albert Ghiorso)(皆美國)
【發現年分】1945年

元素名稱的由來

美國(America)。

發現時的小故事

由於週期表中鋂的正上方是銪，該名來自歐洲，所以鋂的名字取自美洲大陸。

鋦

Curium

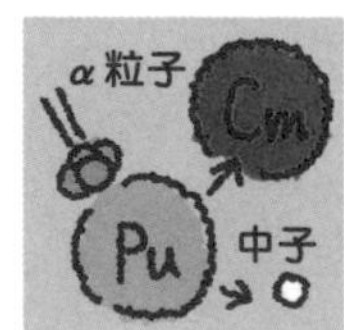

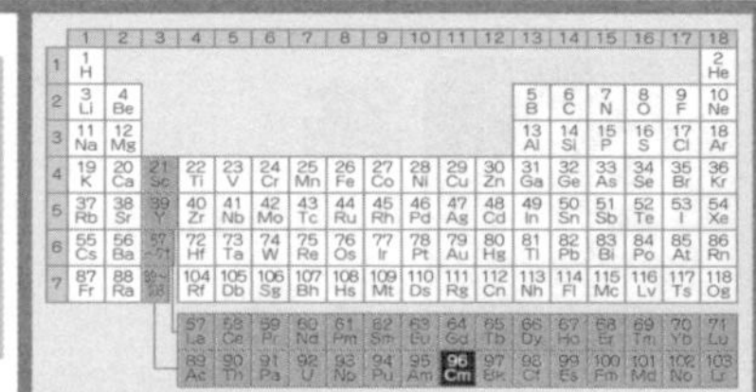

鋦是用α粒子（氦的原子核）照射鈽而生成的元素。曾當做核電池的能源使用，但現在已用鈽取代，幾乎僅剩研究用途。

鋦的元素名來自留名於放射性研究的居禮夫婦。據說鋦在週期表正上方位置的元素「釓」取自人名，所以鋦也同樣用人名命名。

基本資料

【質子數】96　【價電子數】—
【原子量】(247)
【熔　點】1340
【沸　點】—
【密　度】13.3
【豐　度】[地球] 0ppm
[宇宙] —
【存在場所】核反應器
【價　格】—
【發現者】西博格、詹姆斯、吉歐索(皆美國)
【發現年分】1944年

元素名稱的由來

居禮夫婦。

發現時的小故事

已發現鋦有19種同位素，皆具放射性。

金屬(固體)　　　
金屬(液體)　非金屬(固體)　非金屬(液體)　非金屬(氣體)

鉳
Berkelium

鉳是用α粒子（氦的原子核）照射鋂而生成的元素。元素名來自合成它的所在地：美國加州柏克萊。是由加州大學柏克萊分校的研究團隊所發現的。

由於鉳會釋放強游離輻射，非常危險，所以幾乎不作研究之外的用途。據說美國至今合成出來的總量，才1公克多而已。

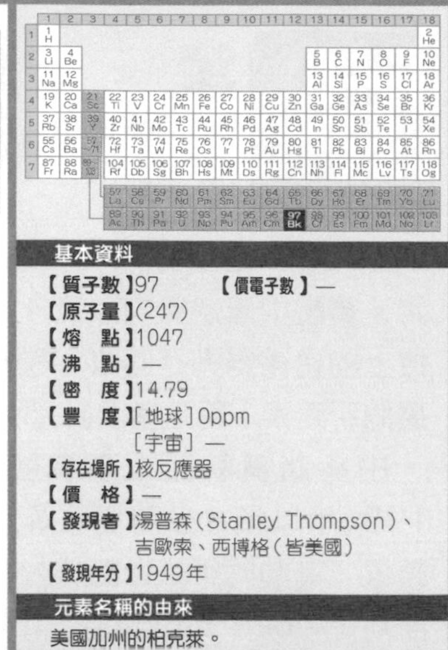

基本資料

【質子數】97　【價電子數】—
【原子量】(247)
【熔　點】1047
【沸　點】—
【密　度】14.79
【豐　度】[地球] 0ppm
[宇宙] —
【存在場所】核反應器
【價　格】—
【發現者】湯普森(Stanley Thompson)、吉歐索、西博格(皆美國)
【發現年分】1949年

元素名稱的由來

美國加州的柏克萊。

發現時的小故事

由於週期表中鉳的正上方是鋱，該名來自瑞典的地名，所以 的名字取自柏克萊。

鉲
Californium

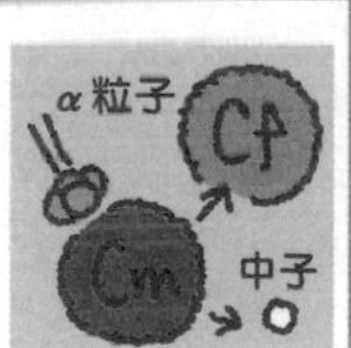

鉲是用α粒子（氦的原子核）照射鋦而生成的元素。因為鉲會釋出中子，所以會用於核反應器中產生中子的原料。而且，也會利用鉲的中子來探勘地下的油田，或是確認飛機內部結構等非破壞性檢查。聽說鉲是能用於工業的元素中，質量最重的元素。

其元素名來自研究團隊所屬的大學及發現它的州名。

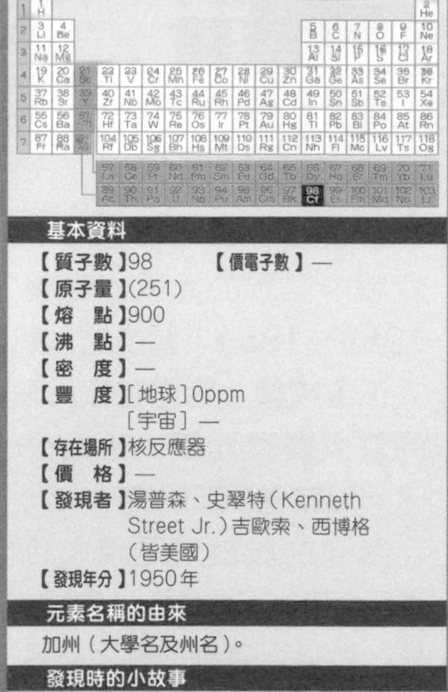

基本資料

【質子數】98　【價電子數】—
【原子量】(251)
【熔　點】900
【沸　點】—
【密　度】—
【豐　度】[地球] 0ppm
[宇宙] —
【存在場所】核反應器
【價　格】—
【發現者】湯普森、史翠特(Kenneth Street Jr.)吉歐索、西博格(皆美國)
【發現年分】1950年

元素名稱的由來

加州（大學名及州名）。

發現時的小故事

已發現鉲有20種同位素，皆具放射性。

鑀
Einsteinium

1952年在氫彈爆炸實驗中發現的元素。實驗中蕈狀雲向上飛升，用配備於飛機上的過濾器進行回收，在分析時發現了這個新元素。用途僅限研究用。

由於此實驗屬軍事機密，所以直到1955年以後才公開發現新元素。取名的時候，為向同年去世的偉大物理學家愛因斯坦（Albert Einstein，1879～1955）致敬，便以他的名字命名。

基本資料

【質子數】99　【價電子數】—
【原子量】(252)
【熔　點】860　【沸　點】—
【密　度】—
【豐　度】[地球] 0ppm
[宇宙] —
【存在場所】核反應器
【價　格】—
【發現者】哈威（Bernard Harvey）（英國）、蕭賓（Gregory Choppin）、湯普森、吉歐索（皆美國）
【發現年分】1952年

元素名稱的由來

物理學家愛因斯坦。

發現時的小故事

已發現鑀有21種同位素，皆具放射性。

鐨
Fermium

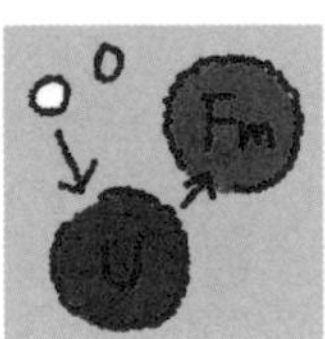

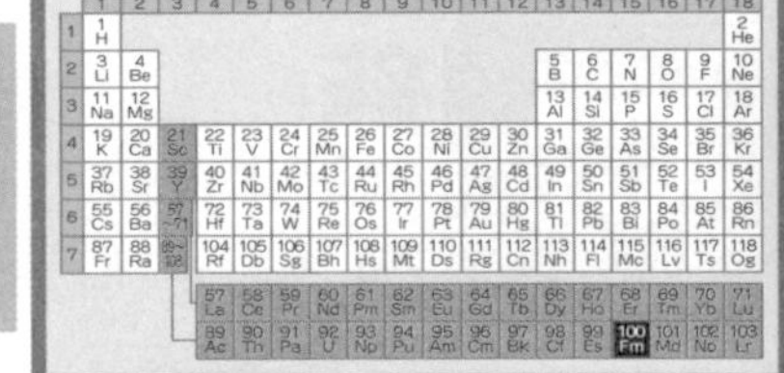

鐨跟鑀一樣，都是在1952年的氫彈實驗中發現的元素。之後，研究團隊在1953～1954年間成功以氧原子撞擊鈾，人工合成鐨。它是在核反應器內能製造出的最大質量元素，不過很快就衰變消失了。現在僅用於研究。

氫彈的設計人是義大利物理學家費米（Enrico Fermi，1901～1954）的學生，所以以老師的名字命名。

基本資料

【質子數】100
【價電子數】—
【原子量】(257)
【熔　點】—
【沸　點】—
【密　度】—
【豐　度】[地球] 0ppm
[宇宙] —
【存在場所】核反應器
【價　格】—
【發現者】湯普森、吉歐索等人（皆美國）
【發現年分】1952年

元素名稱的由來

物理學家費米。

發現時的小故事

已發現鐨有20種同位素，皆具放射性。

金屬（固體）

金屬（液體）

非金屬（固體）
非金屬（液體）

非金屬（氣體

鍆

Mendelevium

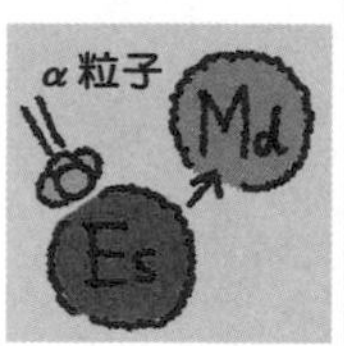

鍆是在加速器中用α粒子照射鑀而生成的元素。全都是放射性同位素，且由於衰變快，所以其物理與化學性質尚不清楚。目前用於研究。

元素名取自發明週期表的俄羅斯化學家：門得列夫。元素符號一開始是Mv，後來改成Md。

基本資料

【質子數】101　【價電子數】—
【原子量】(258)
【熔　點】—
【沸　點】—
【密　度】—
【豐　度】[地球]0ppm
　　　　　[宇宙]—
【存在場所】在加速器中合成
【價　格】—
【發現者】哈威(英國)、蕭賓、湯普森、吉歐索、西博格(皆美國)
【發現年分】1955年

元素名稱的由來

化學家門得列夫。

發現時的小故事

鍆有22種同位素，皆具放射性。原子量大於鑀的元素都是在加速器中合成。

鍩

Nobelium

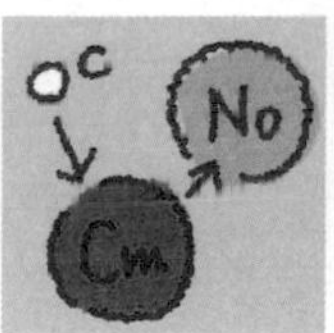

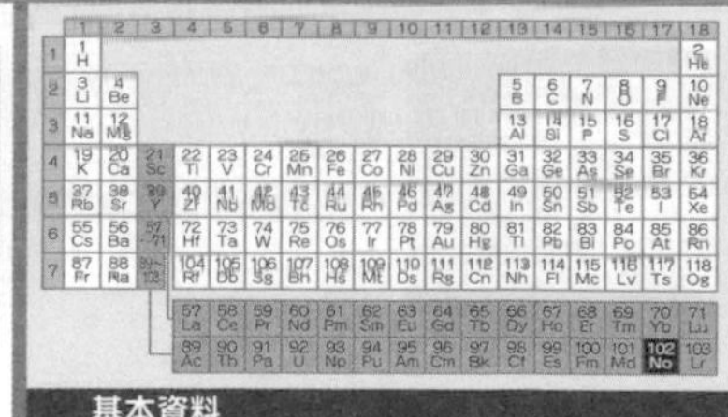

鍩是利用加速器使碳離子照射鋦而生成的元素。

1957年，瑞典的諾貝爾研究所發現鍩，而以研究所同名的科學家諾貝爾（Alfred Nobel，1833～1896）之名將它命名為鍩。但是，美國團隊重複合成鍩的實驗時，卻無法重現實驗。1958年，美國的團隊使用別的方法成功合成鍩，但決定沿用當初的元素名。

基本資料

【質子數】102
【價電子數】—
【原子量】(259)
【熔　點】—
【沸　點】—
【密　度】—
【豐　度】[地球]0ppm
　　　　　[宇宙]—
【存在場所】在加速器中合成
【價　格】—
【發現者】西博格、吉歐索等人(皆美國)
【發現年分】1958年

元素名稱的由來

化學家諾貝爾。

發現時的小故事

已發現鍩有14種同位素，皆具放射性。

鐒
Lawrencium

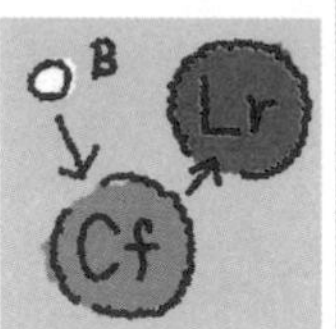

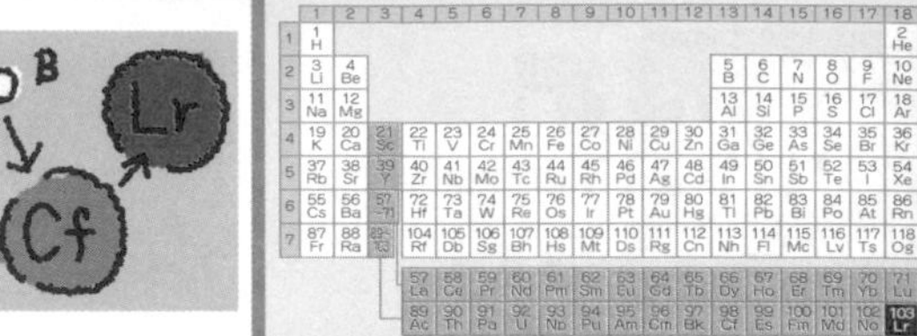

鐒是使用加速器，以氟照射 3 種鉲的同位素混合物而生成的，發現於1961年。1965年，以氧照射鋂而生成鐒的同位素。

元素名取自發明「迴旋加速器」（cyclotron）的美國物理學家「勞倫斯」（Ernest Lawrence，1901～1958）。迴旋加速器是合成元素不可或缺的儀器，而勞倫斯是讓迴旋加速器實用化而聞名。

基本資料

【質子數】103
【價電子數】—
【原子量】(266)
【熔　點】—
【沸　點】—
【密　度】—
【豐　度】[地球]0ppm
　　　　　[宇宙]—
【存在場所】在加速器中合成
【價　格】—
【發現者】吉歐索（美國）團隊
【發現年分】1961年

元素名稱的由來

物理學家勞倫斯。

發現時的小故事

鐒有14種同位素，皆具放射性。最近，科學界對於這個元素的電子結構有爭議。

鑪
Rutherfordium

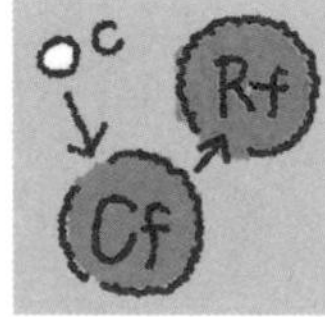

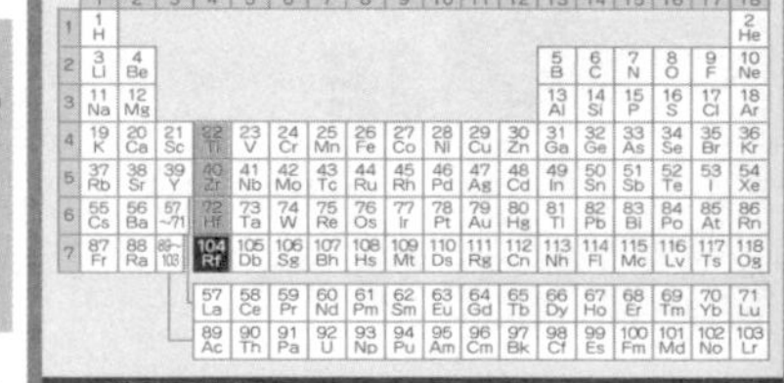

鑪是利用加速器使碳離子照射鉲而生成的元素。鑪的物理與化學性質雖完全不清楚，但普遍認為它的化學性質會類似於鉿與鋯。

鑪是美國與蘇聯的研究團隊分別獨立發現。元素名一直沒有統一，直到1997年接受美方的提案。名稱來自英國的物理學家拉塞福（Ernest Rutherford，1871～1937）。

基本資料

【質子數】104
【價電子數】—
【原子量】(267)
【熔　點】—
【沸　點】—
【密　度】23（計算值）
【豐　度】[地球]0ppm
　　　　　[宇宙]—
【存在場所】在加速器中合成
【價　格】—
【發現者】吉歐索（美國）等人的研究團隊
【發現年分】1969年

元素名稱的由來

物理學家拉塞福。

發現時的小故事

鑪有15種同位素，皆具放射性。

金屬（固體）　金屬（液體）　非金屬（固體）　非金屬（液體）　非金屬（氣體）

𨧀
Dubnium

蘇聯的弗列洛夫（Georgy Flerov，1913～1990）團隊與美國的吉歐索團隊於1970年同時期發現𨧀。弗列洛夫使用氖撞擊鈽，吉歐索則是用氮撞擊鉲。

關於命名的問題，雙方爭論不休，後來終於在1997年決議稱為「𨧀」。取名自弗列洛夫所屬的聯合原子核研究所的所在地「杜布納」（Dubna）。

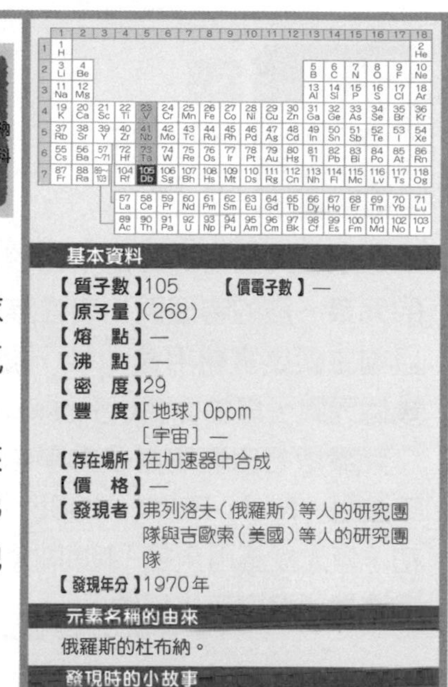

基本資料

【質子數】105　【價電子數】—
【原子量】(268)
【熔　點】—
【沸　點】—
【密　度】29
【豐　度】[地球] 0ppm
　　　　　[宇宙] —
【存在場所】在加速器中合成
【價　格】—
【發現者】弗列洛夫（俄羅斯）等人的研究團隊與吉歐索（美國）等人的研究團隊
【發現年分】1970年

元素名稱的由來

俄羅斯的杜布納。

發現時的小故事

已發現𨧀有15種同位素，皆具放射性。

𨭎
Seaborgium

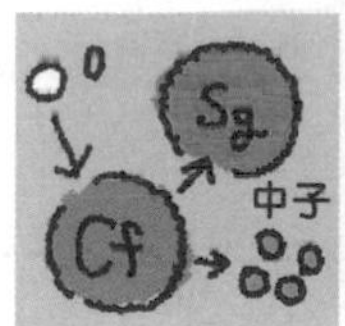

𨭎是利用加速器使氧撞擊鉲而生成的元素。對其性質完全不了解，目前作為實驗用途。

𨭎跟𨧀一樣，都是由美國與蘇聯的團隊於同時發現的，對於命名問題爭論許久。後來元素名取自美國化學家西博格（Glenn Seaborg，1912～1999），因為他合成了鈽、鋂等 9 種元素。這是首次以仍在世之人來命名之案例。

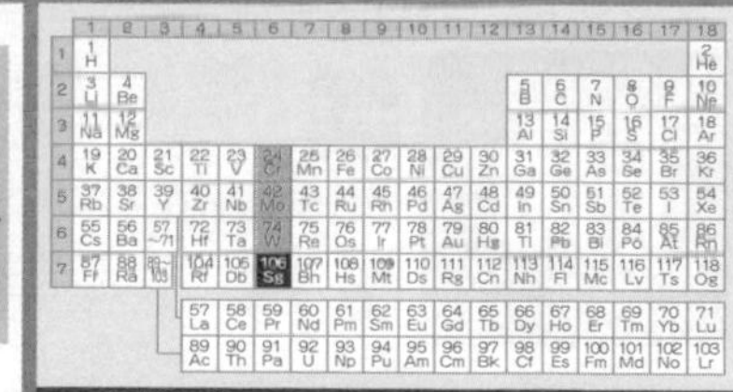

基本資料

【質子數】106
【價電子數】—
【原子量】(271)
【熔　點】—
【沸　點】—
【密　度】35（計算值）
【豐　度】[地球] 0ppm
　　　　　[宇宙] —
【存在場所】在加速器中合成
【價　格】—
【發現者】吉歐索（美國）等人的研究團隊
【發現年分】1974年

元素名稱的由來

化學家西博格。

發現時的小故事

西博格是錒系元素的命名者。𨭎有13種同位素，皆具放射性。

地殼中的占比　人工合成元素

鈹
Bohrium

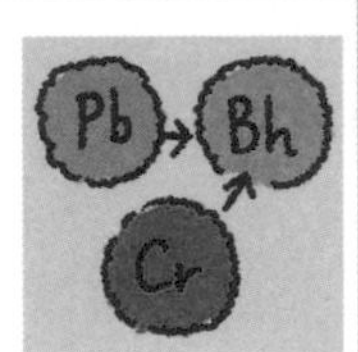

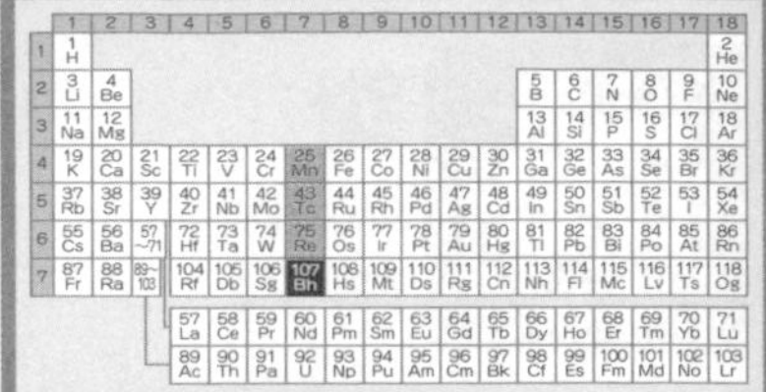

鈹是鉛與鉻在加速器中因核反應而生成的元素。鈹的物理與化學性質尚未明朗，目前主要是實驗用途。107號元素之後的幾個元素，是由德國研究團隊陸續發現。

元素取名自奠定量子力學的丹麥物理學家波耳（Niels Bohr，1885～1962）。起初，有人提議用全名「Nielsbohrium」，不過還是照慣例只使用姓氏。

基本資料

【質子數】107　【價電子數】—
【原子量】(270)
【熔　點】—　【沸　點】—
【密　度】37(計算值)
【豐　度】[地球]0ppm
[宇宙]—
【存在場所】在加速器中合成
【價　格】—
【發現者】阿姆布雷斯特(Peter Armbruster)、明岑貝格(Gottfried Münzenberg)(皆德國)等人的研究團隊
【發現年分】1981年

元素名稱的由來

物理學家波耳。

發現時的小故事

已發現鈹有12種同位素，皆具放射性。2000年合成了鈹的氧化物。

䥑
Hassium

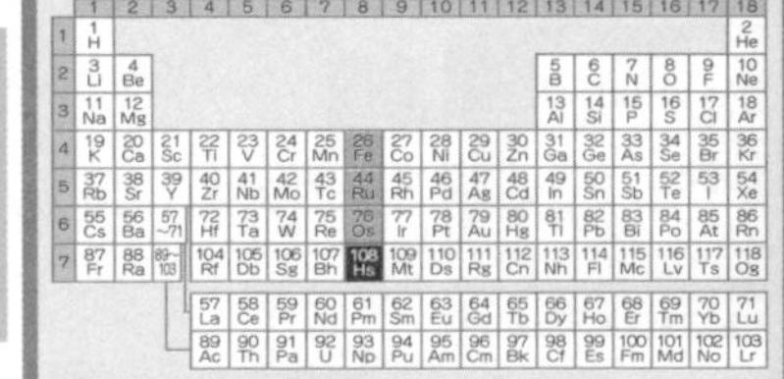

䥑是利用加速器使鐵離子撞擊鉛而生成的元素。科學家認為，當元素的質子或中子為特定數量時，元素會很穩定。這個數量稱為魔法數量。䥑的108個質子也是魔法數量，卻會立刻衰變。似乎當魔法數量愈大時，就愈不穩定。

元素名取自合成䥑的研究所團隊所在地德國赫森邦（Hesse，舊名為Hassia）。

基本資料

【質子數】108　【價電子數】—
【原子量】(277)
【熔　點】—
【沸　點】—
【密　度】41(計算值)
【豐　度】[地球]0ppm
[宇宙]—
【存在場所】在加速器中合成
【價　格】—
【發現者】阿姆布雷斯特、明岑貝格(皆德國)等人的研究團隊
【發現年分】1984年

元素名稱的由來

德國的赫森邦。

發現時的小故事

䥑有15種同位素，皆具放射性。2002年合成了4個䥑的氧化物。

 金屬(固體)
 金屬(液體)
 非金屬(固體)
 非金屬(液體)
 非金屬(氣體

䥑
Meitnerium

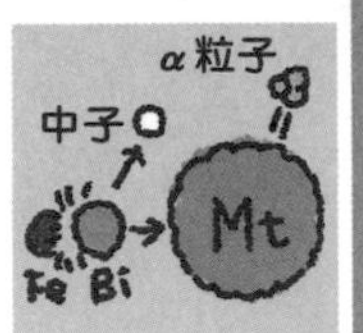

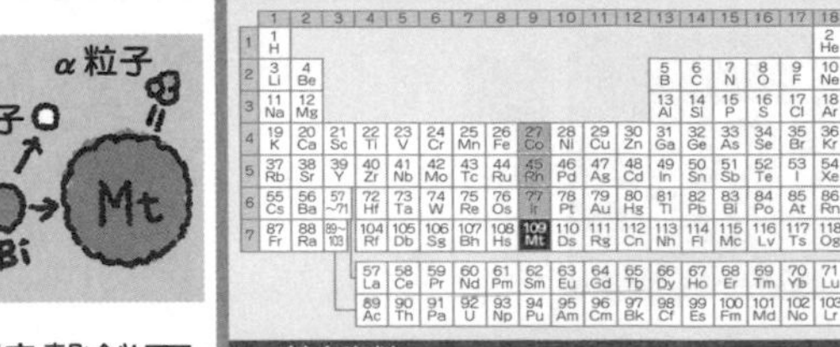

䥑是利用加速器使鐵的原子核撞擊鉍而生成的元素。不清楚它的化學性質。

元素名取自奧地利女性物理學家邁特納（Lise Meitner，1978～1968）。䥑於1982年發現，但直到1997年才確立它的名稱。並不是科學家對名稱有異議，而是證明實驗花了大量時間。元素名稱使用女性科學家的名字，僅有居禮夫人與邁特納2人。

基本資料

【質子數】109　【價電子數】—
【原子量】(278)
【熔　點】—
【沸　點】—
【密　度】—
【豐　度】[地球] 0ppm
[宇宙] —
【存在場所】在加速器中合成
【價　格】—
【發現者】阿姆布雷斯特、明岑貝格（皆德國）等人的研究團隊
【發現年分】1982年

元素名稱的由來

物理學家邁特納。

發現時的小故事

只合成1個䥑原子。

110
Ds

鐽
Darmstadtium

鐽是利用加速器使鎳離子照射鉛而生成的元素。雖然不明白它的化學性質，不過推測它是銀色或灰色的金屬。

元素名取自擁有發現鐽元素的團隊研究所之德國赫森邦的城市：達母斯塔特（Darmstadt）。

基本資料

【質子數】110　【價電子數】—
【原子量】(281)
【熔　點】—　【沸　點】—
【密　度】—
【豐　度】[地球] 0ppm
[宇宙] —
【存在場所】在加速器中合成
【價　格】—
【發現者】阿姆布雷斯特、何夫曼（Sigurd Hofmann）（皆德國）等人的研究團隊
【發現年分】1994年

元素名稱的由來

德國的達母斯塔特。

發現時的小故事

合成了3個鐽原子。後續由日本理化學研究所合成出14個原子。

111
Rg

鑰
Roentgenium

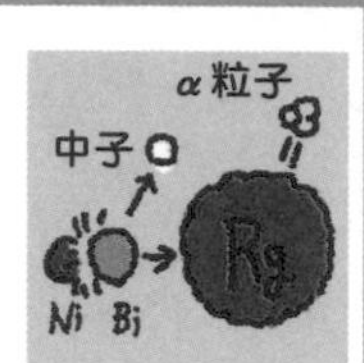

鑰是利用加速器使鎳撞擊鉍而合成的元素，德國的研究團隊發現元素時，僅存在百分之1秒，所以有其他研究團隊認為「證據不足」。不過，德國的團隊再度製造出相同的元素，這才被認可為新元素。

此時大約是德國的物理學家侖琴（Wilhelm Roentgen，1845~1923）發現X光的100週年，故元素命名為鑰。

基本資料

【質子數】111　【價電子數】—
【原子量】(282)
【熔　點】—
【沸　點】—
【密　度】—
【豐　度】[地球]0ppm
[宇宙]—
【存在場所】在加速器中合成
【價　格】—
【發現者】阿姆布雷斯特、何夫曼(皆德國)等人的研究團隊
【發現年分】1994年

元素名稱的由來

物理學家侖琴。

發現時的小故事

德國合成6個鑰，接著日本理化學研究所又合成了14個原子。

鎶
Copernicium

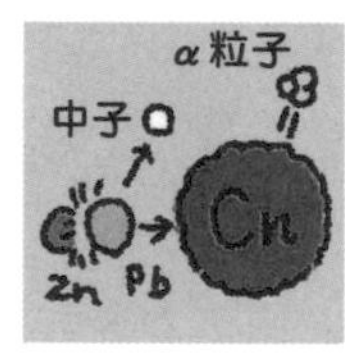

鎶是利用加速器使鋅撞擊鉛而合成的元素。由德國的研究團隊發現，再由日本的理化學研究所重複實驗。

2010年的2月19日這天是波蘭科學家哥白尼（Nicolaus Copernicus，1473~1543）的生日，IUPAC決議將元素取名為鎶。元素符號原本使用Cp，但現在的鎦（Lu）曾名為Cassiopeium（Cp），所以鎶就改為Cn。

基本資料

【質子數】112　【價電子數】—
【原子量】(285)
【熔　點】—
【沸　點】—
【密　度】—
【豐　度】[地球]0ppm
[宇宙]—
【存在場所】在加速器中合成
【價　格】—
【發現者】阿姆布雷斯特、何夫曼(皆德國)等人的研究團隊
【發現年分】1996年

元素名稱的由來

天文學家哥白尼。

發現時的小故事

德國合成2個原子，接著日本理化學研究所又合成了2個原子。

鉨
Nihonium

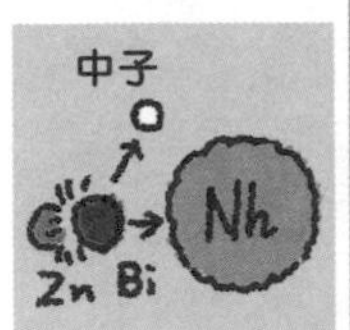

鉨是由日本理化學研究所發現的元素。這項合成新元素的實驗始於2003年9月。在加速器中不斷以鋅的原子核（質子數30）撞擊鉍的原子核（質子數83），結果於2004年7月首度發現合成出113號元素。2005年4月與2012年8月也再度成功合成。

理化學研究所團隊於2015年12月獲得新元素的命名權，2016年11月通過認可為新元素。

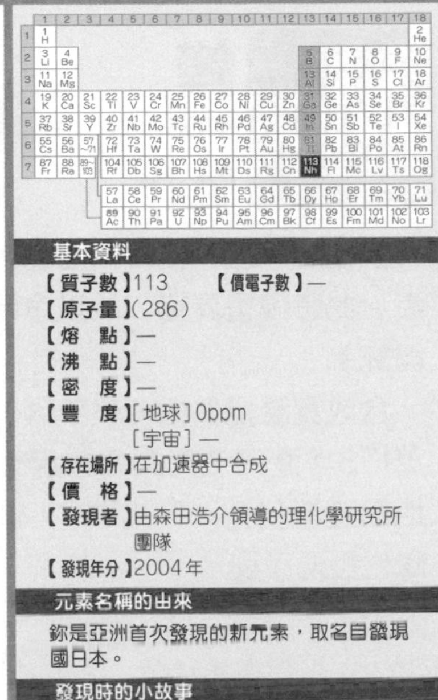

基本資料

【質子數】113　【價電子數】—
【原子量】(286)
【熔　點】—
【沸　點】—
【密　度】—
【豐　度】[地球] 0ppm
[宇宙] —
【存在場所】在加速器中合成
【價　格】—
【發現者】由森田浩介領導的理化學研究所團隊
【發現年分】2004年

元素名稱的由來

鉨是亞洲首次發現的新元素，取名自發現國日本。

發現時的小故事

日本理化學研究所合成了3個鉨。

鈇
Flerovium

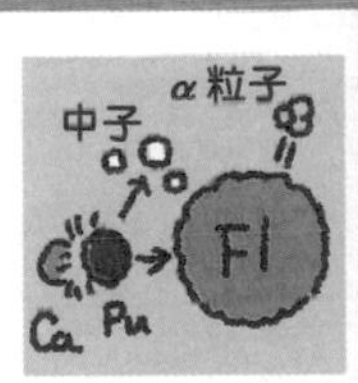

鈇是利用加速器使鈣撞擊鈽而合成的元素。據說實驗了數個月，才終於合成出1個，是個難以合成的元素。對其化學性質完全不了解。

2012年5月，由IUPAC正式決議新元素的名字為「鈇」。取名自發現新元素的弗列洛夫原子核研究所（Flerov laboratory of nuclear reactions）。弗列洛夫是俄羅斯物理學家研究重離子（heavy ion）物理學的鼻祖。

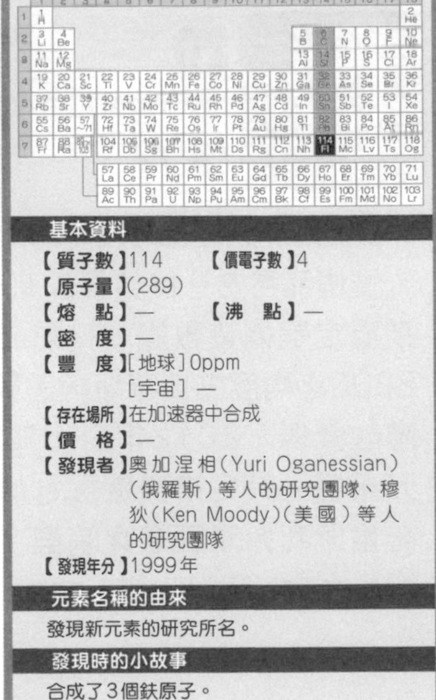

基本資料

【質子數】114　【價電子數】4
【原子量】(289)
【熔　點】—　【沸　點】—
【密　度】—
【豐　度】[地球] 0ppm
[宇宙] —
【存在場所】在加速器中合成
【價　格】—
【發現者】奧加涅相（Yuri Oganessian）（俄羅斯）等人的研究團隊、穆狄（Ken Moody）（美國）等人的研究團隊
【發現年分】1999年

元素名稱的由來

發現新元素的研究所名。

發現時的小故事

合成了3個鈇原子。

鏌
Moscovium

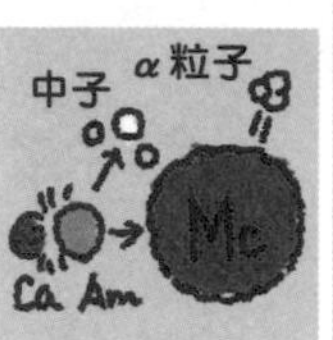

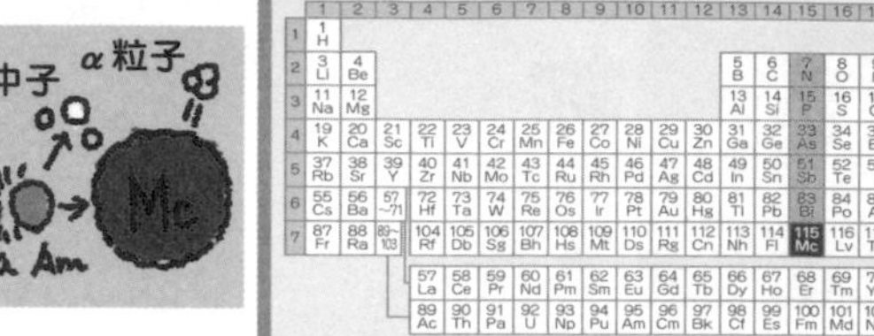

鏌是利用加速器使鈣撞擊鋂而合成的元素。此時鏌會衰變，所以會同時觀測到鏌與鉨。

合成實驗是俄羅斯與美國的合作團隊於2003年進行。元素名來自俄羅斯的實驗地點莫斯科州。2004年，瑞典的研究團隊也發現了鏌。

基本資料

【質子數】115
【價電子數】—
【原子量】(290)
【熔　點】—
【沸　點】—
【密　度】—
【豐　度】[地球]0ppm
　　　　　[宇宙]—
【存在場所】在加速器中合成
【價　格】—
【發現者】俄羅斯與美國的合作研究團隊
【發現年分】2003年

元素名稱的由來

俄羅斯的莫斯科州。

發現時的小故事

合成了7個鏌原子。

鉝
Livermorium

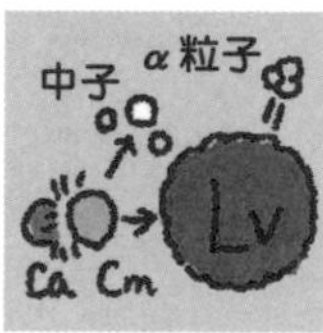

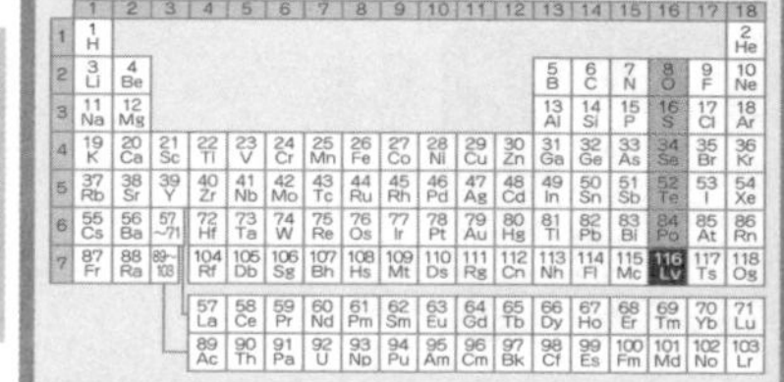

鉝是用加速器使鈣撞擊鋦合成的元素。

這個元素曾一度發表於1999年，但後來認定是偽造數據，實驗結果有問題。2000年再度由俄羅斯與美國的合作研究團隊發現，2012年由IUPAC正式決議元素名。其名來自進行合作研究的美國勞倫斯利弗摩國家實驗室（Lawrence Livermore National Laboratory）。

基本資料

【質子數】116　　【價電子數】6
【原子量】(293)
【熔　點】—
【沸　點】—
【密　度】—
【豐　度】[地球]0ppm
　　　　　[宇宙]—
【存在場所】在加速器中合成
【價　格】—
【發現者】奧加涅相(俄羅斯)等人的研究團隊及穆狄(美國)等人的研究團隊
【發現年分】2000年

元素名稱的由來

發現新元素的研究所所在地：美國加州的利弗摩市。

發現時的小故事

合成了10個以上的鉝原子。

金屬(固體)

金屬(液體)

非金屬(固體)

非金屬(液體)

非金屬(氣體)

鿬
Tennessine

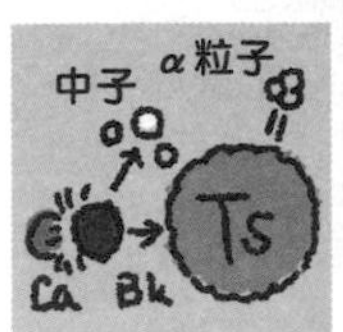

鿬是利用加速器使鈣撞擊鉳而合成的元素。實驗由俄羅斯的研究所主導，不過由於鉳是在美國合成的，所以把鉳空運過來。在俄羅斯杜布納的聯合原子核研究所進行的實驗，據說花了7個月才成功。

元素名取自田納西州，是合作研究機構之一的美國橡樹嶺國家實驗室（Oak Ridge National Laboratory）所在地。

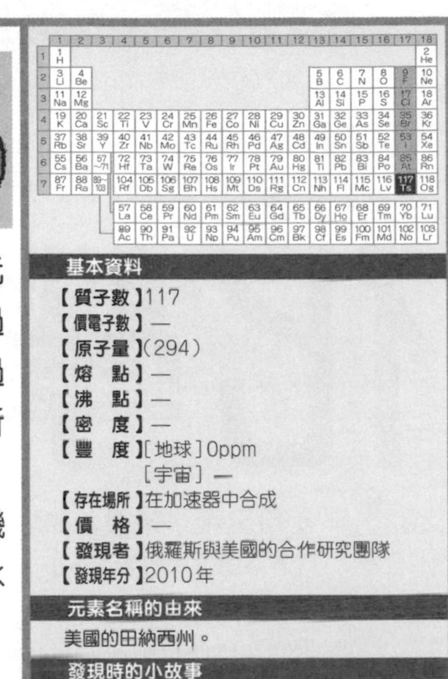

基本資料

【質子數】117
【價電子數】—
【原子量】(294)
【熔　點】—
【沸　點】—
【密　度】—
【豐　度】[地球]0ppm
　　　　　[宇宙]—
【存在場所】在加速器中合成
【價　格】—
【發現者】俄羅斯與美國的合作研究團隊
【發現年分】2010年

元素名稱的由來

美國的田納西州。

發現時的小故事

合成了6個鿬原子。

鿫
Oganesson

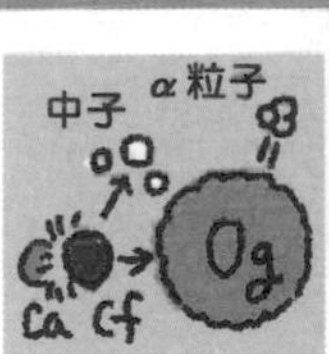

鿫是利用加速器使鈣撞擊鉲而合成的元素。它會在短於1000分之1秒的時間內衰變成其他元素，是目前發現所有元素中最重的元素。

實驗由俄羅斯與美國的聯合團隊進行。元素名來自俄羅斯方領導者奧加涅相。鿫屬於週期表的18族，所以如同其他18族元素，語尾使用「on」。

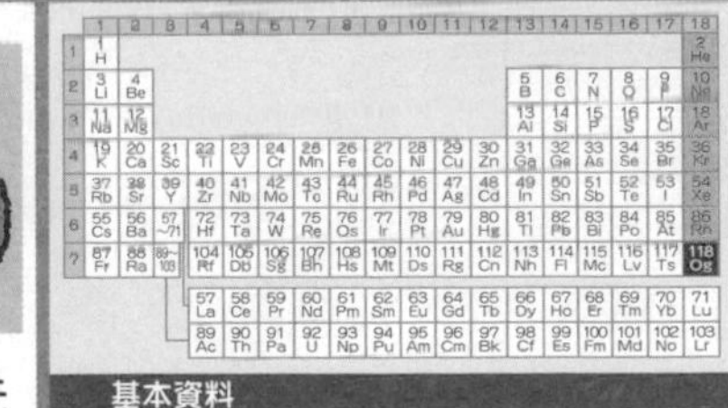

基本資料

【質子數】118
【價電子數】—
【原子量】(294)
【熔　點】—
【沸　點】80 ± 30℃（推定）
【密　度】13.65g/cm³（推定）
【豐　度】[地球]0ppm
　　　　　[宇宙]—
【存在場所】在加速器中合成
【價　格】—
【發現者】俄羅斯與美國的合作研究團隊
【發現年分】2002年

元素名稱的由來

俄羅斯研究團隊的領導者之名。

發現時的小故事

合成了4個鿫原子。

地殼中的占比　人工合成元素

主要內容

1.化學是什麼？

化學是研究物質性質的學問，例如燦爛的煙火顏色，也跟化學有關。

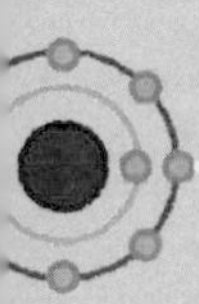
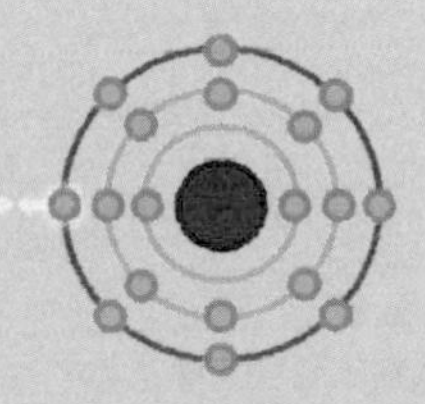

2.這世界是由原子所組成的

因原子碰撞而產生「化學反應」。
觀察週期表就可以瞭解各元素的特性。

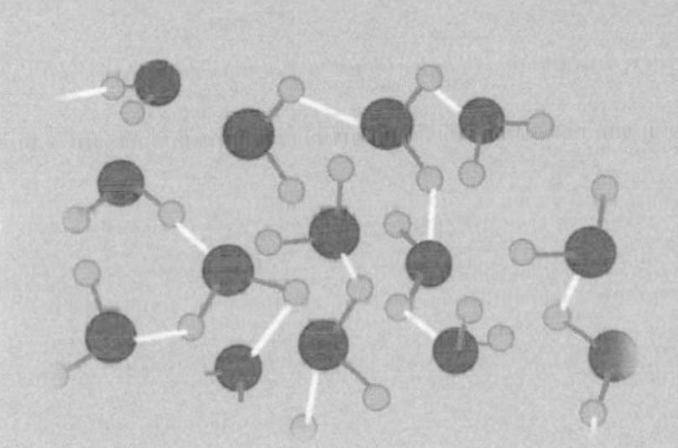

3.因原子結合而形成物質

因共用電子而產生強烈連結的「共價鍵」。
水分子藉由「氫鍵」結合在一起。

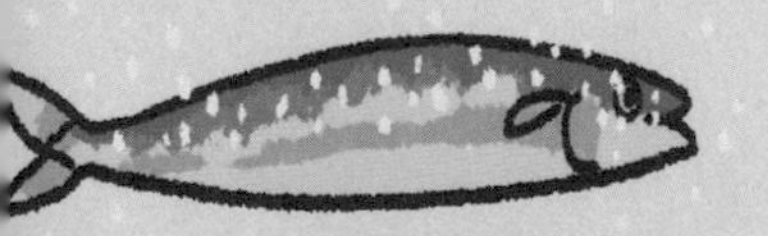

4.充斥生活周遭的離子

為了讓魚更好吃，會先灑上鹽。
來研究一下乾電池的內部構造吧。

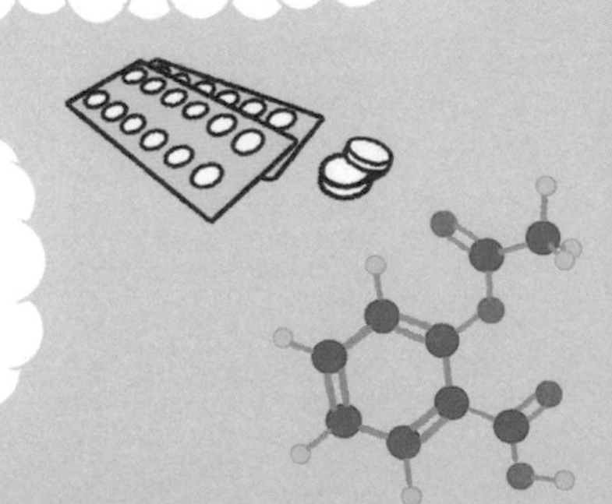

5.現代社會不可或缺的有機物

有機物的特性決定於飾品。
以人工方式將有機物合成藥品！

【觀念伽利略 02】

週期表

118種元素圖鑑！

作者／日本Newton Press
編輯顧問／吳家恆
特約主編／王原賢
翻譯／林筑茵
編輯／林庭安
商標設計／吉松薛爾
發行人／周元白
出版者／人人出版股份有限公司
地址／231028 新北市新店區寶橋路235巷6弄6號7樓
電話／（02）2918-3366（代表號）
傳真／（02）2914-0000
網址／www.jjp.com.tw
郵政劃撥帳號／16402311 人人出版股份有限公司
製版印刷／長城製版印刷股份有限公司
電話／（02）2918-3366（代表號）
經銷商／聯合發行股份有限公司
電話／（02）2917-8022
第一版第一刷／2021年8月
定價／新台幣320元
港幣107元

國家圖書館出版品預行編目（CIP）資料

週期表：118種元素圖鑑！ / 日本Newton Press作
林筑茵翻譯. -- 第一版. --
新北市：人人出版股份有限公司, 2021.08
面； 公分. —（觀念伽利略：2）
ISBN 978-986-461-254-3（平裝）
1.元素 2.週期表

348.21 110011325

Staff

Editorial Management 木村直之
Editorial Staff 井手 亮
Cover Design 宮川愛理
Editorial Cooperation 株式会社 美和企画（大塚健太郎，笹原依子）・荒舩良孝

Illustration

3~7	羽田野乃花	28~31	Newton Press
8-9	Newton Press・吉増麻里子	33	Newton Press
12-13	Newton Press・吉増麻里子	34-35	Newton Press
15	Newton Press，羽田野乃花	35	羽田野乃花
17	Newton Press・吉増麻里子	36-37	Newton Press・吉増麻里子
18~20	羽田野乃花	39~40	羽田野乃花
23	木下真一郎さんのイラストを元に，Newton Press が作成，羽田野乃花	43~53	羽田野乃花
		55~63	羽田野乃花
		65~77	羽田野乃花
24-25	Newton Press	79~107	羽田野乃花
26	羽田野乃花	110~125	羽田野乃花
26-27	Newton Press		